W0185526

Von Klein auf

Lebensraum für die Jungtiere 22
Die ersten fünf Jahre 24
Das Heim für Halbwüchsige 26
Die richtige Umwelt schaffen 28
Fütterung der Halbwüchsigen 34
Ein Schildkrötenteich im Garten 36
Amtliche Dinge zur Haltung 38
Pflege und Reinigung 40

SPEZIAL Das Aquarium einrichten 30

Welche Dinge im Voraus überlegt werden müssen und wie Sie die Ankunft Ihrer neuen Hausgenossen vorbereiten.

Artgerecht versorgt

Unsere Schildkröte wird erwachsen ... 44
Ein Zuhause für die Großen 46
Ernährung und Überwinterung 48
Die häufigsten Krankheiten 50
Fortpflanzung 52
Das Gelege 54
Versorgung in der Urlaubszeit 58

SPEZIAL Blick in die Kinderstube 56

Erwachsene Wasserschildkröten bieten durch ihr Verhalten und ihre Fortpflanzung interessante Einblicke in ihr Leben.

Inhalt

Faszinierende Urwelttiere

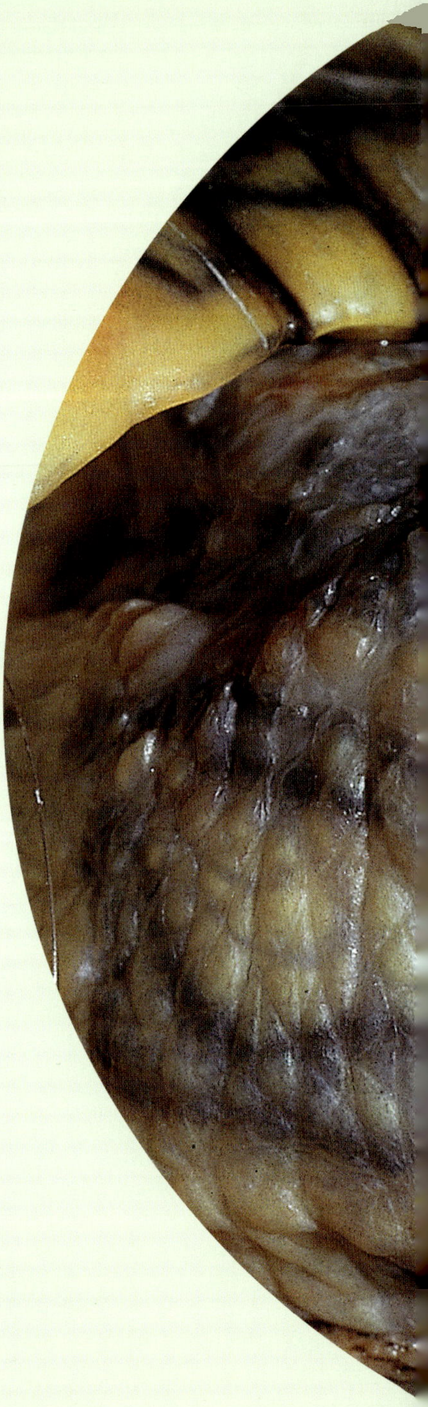

In „Brehm's Thierleben“ von 1873 steht über die Schildkröten:
„Man darf sie die anspruchslosesten Thiere nennen, welche man überhaupt in Gefangenschaft halten kann; denn sie ertragen mit Ausnahme strenger Kälte alle erdenkbaren Verhältnisse mit der ihnen eigenen Gleichgültigkeit, können erstaunlich lange hungern und begnügen sich mit dem einfachsten Futter.“

Schildkröten beschäftigen Menschen seit tausenden von Jahren. Sie werden als heilig oder göttlich verehrt oder ihrer Eier beraubt, gegessen oder zu Gebrauchsgegenständen, Andenken und Hundefutter verarbeitet. Wie Bösartigkeit und Hinterlist bei den Schlangen, sind Gutmütigkeit, Dummheit, Fruchtbarkeit und Langlebigkeit bei den Schildkröten seit Menschengedenken scheinbar „verbürgt“. So haben viele, selbst tierliebende Menschen ein völlig falsches Bild von ihnen und ein Großteil der importierten Panzertiere fällt falscher Pflege zum Opfer.

Sind Sie von den Wasserschildkröten fasziniert, bringt Ihnen dieses Buch die wirklichen Bedürfnisse der Tiere näher. Finden Sie heraus, ob Sie den Ansprüchen gerecht werden und sich diesen Traum erfüllen können.

Gestatten Wasserschildkröte

6 Amerikanische Schmuckschildkröten

8 Wo sie in der Natur leben

10 Wasserschildkröten als Heimtiere

12 Geeignete Arten zur Pflege

16 Die richtige Wahl

SPEZIAL 18 Eine Schmuckschildkröte kaufen

Amerikanische Schmuckschildkröten

Schildkröten gelten als lebende Fossilien – in Aussehen und Körperbau innerhalb von Jahrmillionen kaum verändert. Betrachten wir eine Schmuckschildkröte, dann sollten wir daran denken, dass ähnliche Formen bereits zur Zeit der großen Saurier und noch davor gelebt haben.

Schildkröten sind wechselwarme Tiere. Sie können ihre Körpertemperatur nicht selbst durch ihren Stoffwechsel steuern, sondern sind darauf angewiesen, zur Erwärmung die Sonnenstrahlung zu nutzen. Daher leben Schildkröten vorwiegend in den warmen Klimazonen der Erde, die Ihnen die richtigen klimatischen Bedingungen liefern.

Aus den Sümpfen

Eines der beiden bedeutendsten Entwicklungszentren dieser gepanzerten Echsen liegt im Tropengürtel Südostasiens, das andere im gemäßigten Klima Amerikas. Die artenreichsten und zahlenmäßig am besten vertretenen Gattungen im amerikanischen Raum sind die Schmuckschildkröten.

Pseudemys rubriventris, die „Rotbäuchige" so ihr Name.

Zoologisch gesehen

In der zoologischen Systematik werden die Schmuckschildkröten zur Familie der Sumpfschildkröten gerechnet mit den Gattungen *Chrysemys*, *Pseudemys* und *Trachemys* zugeordnet. Manche Autoren fassen die Schmuckschildkröten unter dem Gattungsnamen *Chrysemys* zusammen; selbst Fachleute sind sich über die Nomenklatur nicht ganz einig. Wer sich dafür interessiert, findet im Anhang weiterführende Literatur. Für die Pflege der Tiere sind derartige Fragen allerdings zweitrangig.

Als Sägerückenschildkröten oder Höckerschmuckschildkröten werden die Arten der Gattung *Graptemys* bezeichnet, von denen sich viele durch ihre hübschen, dachartigen Rückenpanzer auszeichnen. Obwohl sie nicht zu den Schmuckschildkröten im engeren Sinne zählen, werden sie hier vorgestellt, weil sie in den letzten Jahren häufig im Handel zu finden waren.

Die Kinnfleck-Pfauenaugenschildkröte *trägt den wissenschaftlichen Namen Trachemys scripta callirostris.*

Handel mit Schmuckschildkröten

Die steigende Nachfrage nach Baby-Schmuckschildkröten konnte mit der Suche in der Natur nicht mehr gedeckt werden, sodass am Golf von Mexiko im Süden der USA Zuchtteiche angelegt wurden. Optimales Klima und die hohe Populationsdichte dieser Tiere in der Natur begünstigen die lukrative Zucht.

Wie überall in Massentierhaltung und -zucht kommt es durch Krankheiten und Aggressivität zu vielen Todesfällen, die schnell durch Wildfänge ersetzt werden. Beim Massenversand der Jungtiere sind die Verluste auf dem Transport sehr hoch und viele Tiere kommen schwer geschädigt in den Zoohandel. Leider ist der Verkauf von Schmuckschildkröten an keine spezifische Kenntnis und Qualifikation gebunden.

Da die Einfuhr der gezüchteten Rotwangen-Schmuckschildkröten in Deutschland durch die Bundesartenschutzverordnung genehmigungspflichtig ist, kommt es nicht mehr zu den Massenimporten und man sollte annehmen, dass genügend inländische Nachzuchten der Tiere im Handel seien. Ein Teil der Schildkröten wird allerdings auch über andere EU-Länder importiert, was legal ist. Der deutsche Handel ist zum Teil auf die Sägerückenschildkröten der Gattung *Graptemys* ausgewichen, bei denen es bisher noch nicht zu ähnlichen Massenimporten gekommen ist.

SMART

Systematik

- **Schmuckschildkröten** zählen zur Familie der Sumpfschildkröten (Emydidae).
- **Verwandte Arten** leben auch in Europa, Afrika und Asien.

Wo sie in der Natur leben

Wie die wild lebenden Wasserschildkröten, die perfekt an ihren Lebensraum angepasst sind, so besitzen unsere Wasserschildkröten im Wohnzimmeraquarium oder Gartenteich immer noch die gleichen Fähigkeiten.

Aus der neuen Welt

Das natürliche Vorkommensgebiet der Schmuckschildkröten liegt auf dem amerikanischen Kontinent und erstreckt sich im Norden bis ins südliche Kanada, im Süden bis nach Uruguay. Drei Unterarten der Zierschildkröte (*Chrysemys picta*) kommen im Norden ihres Verbreitungsgebietes bis über die Grenze zwischen den USA und Kanada hinaus vor. Ähnlich wie in Mitteleuropa kann die Temperatur hier im Winter bis unter −20 °C sinken. Im Süden schließen sich die Vorkommensgebiete der Hieroglyphen-Schmuckschildkröte (*Pseudemys concinna*), der Rotbauch-Schmuckschildkröte (*P. rubriventris*) und der Buchstaben-Schmuckschildkröte (*Trachemys scripta*) an.

Ein großer Teil der Schmuckschildkröten stammt aus Florida. Dort leben sie in den zahlreichen Flüssen und Sümpfen.

Südstaatler

Einen Schwerpunkt bei den Schmuckschildkrötenvorkommen bilden die am Golf von Mexiko liegenden US-Bundesstaaten von Texas bis Florida. Hier leben nicht nur die meisten Arten, sondern hier kommen auch von der Individuenzahl her betrachtet die meisten Tiere vor. Das subtropische Klima am Golf von Mexiko ist regenreich und feucht, wobei die Temperatur im Sommer über 30 °C steigen kann und im Winter manchmal bis an die Frostgrenze, meistens jedoch nicht unter 10 °C, fällt.
Hier sind die Rückenstreif-Zierschildkröte (*Chrysemys picta dorsalis*), Alabama-Schmuckschildkröte (*Pseudemys alabamensis*), Hieroglyphen-Schmuckschild-

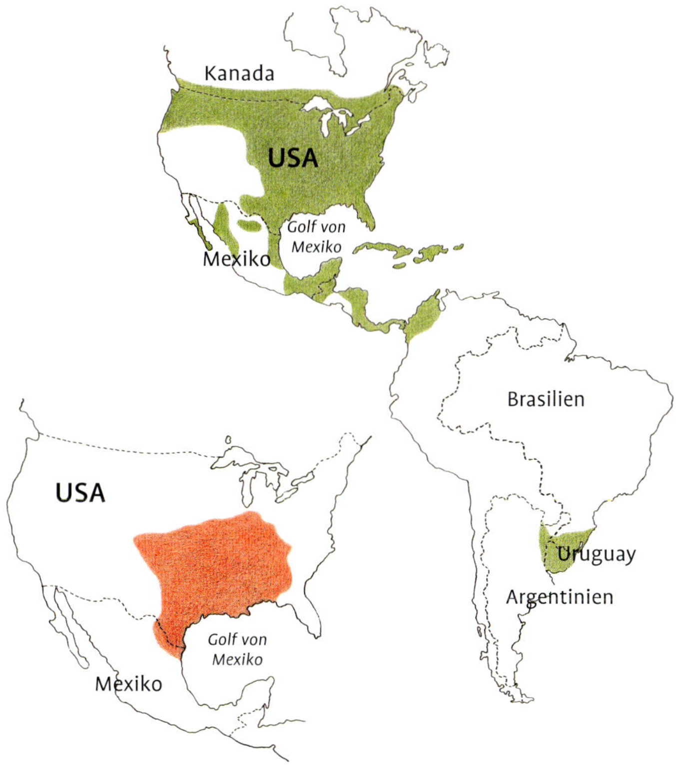

Das Verbreitungsgebiet der Schmuckschildkröten. Links unten: Rotwangen-Schmuckschildkröte

kröte (*Pseudemys concinna*), Florida-Schmuckschildkröte (*Pseudemys floridana*), Florida-Rotbauchschildkröte (*Pseudemys nelsoni*), Texas-Schmuckschildkröte (*Pseudemys texana*) und die Buchstaben-Schildkröte (*Trachemys scripta*) zu Hause. Die bekannteste Unterart der Buchstaben-Schildkröten ist die Rotwangen-Schmuckschildkröte. Im mittelamerikanischen Raum, nördlichen Südamerika sowie auf den Großen und Kleinen Antillen leben *Trachemys decorata*, *T. decussata*, *T. scripta*, *T. stejnegeri* und *T. terrapen*. Im hier herrschenden tropischen Klima sinken die Temperaturen selten unter 20 °C.

Südamerikaner

Im Süden Brasiliens, vor allem aber in Uruguay und im nördlichen Argentinien kommt die Brasilianische Schmuckschildkröte, *Trachemys dorbigni,* in zwei Unterarten vor. Das warmgemäßigte, subtropische Klima in diesem Lebensraum ist etwa mit dem am Golf von Mexiko zu vergleichen; Sommer und Winter jedoch sind auf der Südhalbkugel gegeneinander vertauscht.

Sägerücken-Schildkröten

Das Verbreitungsgebiet der Sägerückenschildkröten der Gattung *Graptemys* deckt sich in Nordamerika zum Teil mit dem der oben genannten Schmuckschildkröten-Arten. So kommt die Mississippi-Höckerschildkröte (*G. kohnii*) in den mittleren und südlichen USA vor; die Falsche Landkartenschildkröte (*G. pseudogeographica*) ist vom Golf von Mexiko bis an die Grenzen Kanadas verbreitet.

SMART

Fließgewässer

- **Schmuckschildkröten** bewohnen alle größeren Wasserkörper wie Sümpfe, Teiche, Seen und Flüsse. Sägerückenschildkröten ziehen fließendes Wasser vor.

Verbreitung

Wasserschildkröten als Heimtiere

Wer in einer Tierhandlung vor einem Aquarium stehen bleibt, wird fasziniert das entzückende Treiben der Baby-Schmuckschildkröten beobachten. Auf Zierkorkstücken klettern sie der Wärmequelle entgegen, steigen dabei übereinander und strecken ihre Beinchen aus, um auch möglichst viel an Wärmestrahlung aufzunehmen. Bei der leisesten Störung flüchten sie und purzeln sogleich kopfüber in das scheinbar schützende Wasser, um nach einiger Zeit wieder die Köpfe an die Oberfläche zu strecken und zu prüfen, ob „die Luft rein ist". Das muntere Treiben hat Millionen von Tierliebhabern in aller Welt zum spontanen Kauf verführt, oder wie soll man sich sonst erklären, dass in Europa jedes Jahr einige Millionen Baby-Schildkröten importiert werden?

Die Pioniere der Terraristik mussten sich die für ihre Liebhaberei nötigen Behälter und technischen Geräte noch mit eigenem Erfindergeist und großem handwerklichen Geschick selbst herstellen. Verständlich, dass die Haltung von Schmuckschildkröten im 19. Jahrhundert einer kleinen Zahl von Tierfreunden vorbehalten war. Durch die Versorgung der Haushalte mit elektrischem Strom und fließendem Wasser ist in unserem Jahrhundert der intensiven Ausbreitung dieser exotischen Liebhaberei Tür und Tor geöffnet worden. Der Handel reagierte schnell. Mit gezielter Werbung und einem unübersehbaren Angebot an Behältern und technischem Zubehör werden Kunden geworben. Wir brauchen nur noch zu kaufen – oder? Diese entscheidende Frage soll unser Kernthema werden.

Drei wichtige Leitsätze

Auch Wildtiere können Träger von Krankheitskeimen sein. Hygiene im Interesse von Mensch und Tier ist geboten.

Die Neulinge brauchen anfangs Ruhe und Ungestörtheit, allenfalls auch im Wohnzimmer.

Für den Pfleger ist vorerst die Kontrolle über das Verhalten und die Futterannahme der Tiere sehr wichtig.

Immer noch Wildtier

Viele Heimtiere wie Goldhamster, Meerschweinchen, Wellensittich und Kanarienvogel werden seit Generationen in menschlicher Obhut gezüchtet. Im Gegensatz dazu sind die im Handel angebotenen Schmuckschildkröten Wildtiere, deren Eltern in der Natur lebten, viele Millionen Jahre ohne den Menschen auskamen und keine nähere Beziehung zu ihm entwickelt haben. Und das werden sie auch in unserem Wohnzimmeraquarium kaum tun. Unsere Schildkröten werden weder Freud noch Leid mit uns teilen, noch mit uns reden. Sie werden uns nicht zuhören und auch nicht liebevolles Streicheln oder Liebkosen

Verführerisch ist das Bild der übereinanderkletternden Baby-Schmuckschildkröten in der Tierhandlung.

als persönliche Zuwendung schätzen.
Wenn sie sich in der warmen Hand wohlfühlen, ist dies kein Zeichen ihrer Zuneigung, sondern entspricht ihrem Bedürfnis nach Wärme. Kommen sie bei unserem Nähertreten an die Glasscheibe geschwommen, ist das nicht mit der Begrüßung eines Hundes vergleichbar. Sie haben einfach gelernt, dass es nun etwas zu fressen gibt.
Immer wieder versichern Schildkrötenpfleger, ihr „Moritz" habe sehr wohl eine persönliche Beziehung zu ihnen entwickelt. Selbst wenn das in manchen Fällen zutreffen sollte – wollen wir dies überhaupt? Wer ein Tier im Sinne eines Lebens- oder Spielgefährten sucht, dem bieten sich viele domestizierte Haus- und Heimtiere an.

SMART

Andere Sinneswahrnehmungen

- **Schildkröten** können nicht in unserem Sinne hören. Sie nehmen Schwingungen und Geräusche anders wahr.
- **Sie deshalb** mit Namen zu rufen, ist Schall und Rauch.

Einblick in die Natur

Die Haltung von Wildtieren in der Wohnung soll uns die Möglichkeit geben, einen Einblick in die Natur zu nehmen, um dabei arteigenes, unverfälschtes Verhalten der Tiere zu beobachten.
In diesem Sinn wollen wir im Folgenden die Haltung von Schmuckschildkröten verstehen.
Anders gesagt: Wir sollten nicht versuchen, Wildtiere zu lehren, sich menschenähnlich zu verhalten, sondern wir sollten lernen, wie sie unter ihresgleichen leben.

Geeignete Arten zur Pflege

Sollen die Schildkröten ganzjährig in Mitteleuropa im Freien leben, so kommen nur solche in Frage, die aus ähnlichen Klimazonen der Erde stammen.

Im Gartenteich

Wie bereits beschrieben, eignen sich hier nur drei Unterarten der Zierschildkröte, *Chrysemys picta picta, C. p. belli* und *C. p. marginata*. Die Tiere werden im Zoohandel jedoch nur selten angeboten, sind in Bezug auf die Pflege viel empfindlicher als die anderen Schmuckschildkröten und sollten daher nur in erfahrene Hände gelangen. Mir wurden in einer Tierhandlung einmal drei Zentimeter große Babys von *Chrysemys picta belli* mit der nicht ganz falschen, aber irreführenden Aussage angeboten, die Tiere hielten Temperaturen von bis zu −30 °C aus. Tatsächlich kommt diese Unterart auch in Kanada vor, wo die Lufttemperatur im Winter so tief absinken kann. Dann sind die Schildkröten allerdings unter dem Eis im Bodenschlamm der Gewässer vergraben, wo Temperaturen von mindestens +4 °C herrschen. Die Tiere sind daher nie direkt dem Frost ausgesetzt.

Im Sommer lieben es alle Schmuckschildkröten, wenn sie im Garten oder auf dem Balkon in einer Wanne mit Landteil schwimmen dürfen.

Nicht im Winter

Alle anderen Schmuckschildkröten sollten bei uns nicht über Winter im Freien gehalten werden. Zwar lebt auch *Pseudemys rubriventris* in den nordöstlichen Staaten der USA, wo des Öfteren tiefe Wintertemperaturen herrschen, doch erreichen die Tiere bis zu 40 Zentimeter Panzerlänge und ernähren sich vornehmlich von Pflanzen. Sie würden daher unserer Teichvegetation sehr zusetzen oder eine entsprechend große Teichanlage erfordern. Da die Art im Bestand gefährdet ist, wird sie nur sehr selten im Handel angeboten.

In der Wohnung

Die meisten Schmuckschildkrötenliebhaber möchten ihre Tiere in der Wohnung pflegen. Wer sich auch im Winter an aktiven Schildkröten erfreuen will, sollte Arten wählen, die aus den

Tropen stammen und daher keine Winterruhe halten. Die Tiere benötigen allerdings das ganze Jahr über sehr hohe Luft- und Wassertemperaturen sowie zusätzliche Beleuchtung im Winter, was sich an der Höhe der Stromrechnung bemerkbar machen kann. Zudem sind einige Arten unverträglich, denn in der Natur ist ihre Populationsdichte oft gering. Durch den genehmigungsfreien Import bietet der Handel auch die Sägerückenschildkröten der Gattung *Graptemys* an: Mississippi-Höckerschildkröte (*G. kohnii*) und Falsche Landkartenschildkröte (*G. pseudogeographica*). Von den Schmuckschildkröten im engeren Sinne bleibt so vor allem die Rotwangen-Schmuckschildkröte (*Trachemys scripta elegans*) für die Pflege im Heim übrig. Sie ist durch die früheren Massenimporte noch immer die am häufigsten gehaltene Wasserschildkröte. Ihre Pflege wird im Folgenden besonders beschrieben.

Faunenverfälschung

Während in Österreich große Mengen dieser Schildkröten importiert werden, ist in Deutschland ihr Import genehmigungspflichtig. Aber geschützt werden soll hier nicht die meist aus der Zucht stammende Rotwangen-Schmuckschildkröte, sondern eher die einheimische Natur. Diese hat öfter unter ausgesetzten Exemplaren zu leiden, weil sie einen milderen Winter bei uns ohne Probleme überstehen. Es dürfen daher im Lande nachgezüchtete Rotwangen-Schildkröten angeboten werden, nicht aber importierte Tiere.

Dieses erwachsene Weibchen von Trachemys scripta elegans gehört mit 23 cm Panzerlänge zu den kleineren Arten der Schmuckschildkröten.

SMART

Groß werdende Arten

- **Hieroglyphen**-Schmuckschildkröte (*Pseudemys concinna*)
- **Florida**-Schmuckschildkröte (*P. floridana*)
- **Florida**-Rotbauchschildkröte (*P. nelsoni*)
- **Die Weibchen** werden mit weit über 30 cm Panzerlänge (Stockmaß) bald zu groß fürs Zimmeraquarium. Sie ernähren sich vornehmlich pflanzlich und verschmutzen das Wasser stärker als ihre Mischköstler-Verwandten.

Rotwangen-Schmuckschildkröte
Trachemys scripta elegans

▸ Typisch: Für die Heimtierhaltung geeignetste Schmuckschildkrötenart. Vorkommen: Vornehmlich in den Südstaaten der USA am Golf von Mexiko. Größe: Weibchen im Durchschnitt 23 cm Panzerlänge, Männchen etwa 18 cm.
▸ Besonderheiten: Allesfresser, in der Jugend mehr Fleischfresser, als Erwachsene Pflanzenköstler. Soziales: manche Tiere gegenüber Artgenossen unverträglich.

Gelbwangen-Schmuckschildkröte
Trachemys scripta scripta

▸ Typisch: Als nächste Verwandte der Rotwange sehr ähnlich. Vorkommen: Nord-Florida, Georgia, daher etwas wärmebedürftiger. Auch in der Größe der Rotwangen-Schmuckschildkröte. sehr ähnlich
▸ Besonderheiten: Nahrung: in den ersten Lebensjahren Kleinlebewesen, dann zunehmend Wasserpflanzen. Soziales: diese Unterart ist verträglich und lebt in der Natur oft in Gruppen.

Zierschildkröte, Indianerschildkröte
Chrysemys picta picta, Ch. p. marginata

▸ Typisch: Nördliche Unterart der Zierschildkröten, in der Wohnung schwer, am besten im Gartenteich halten. Männchen 13 cm. Weibchen 16 cm. Vorkommen: Nord- und Nordost-USA.
▸ Besonderheiten: In der warmen Jahreshälfte brauchen sie ungefilterte Sonnenbestrahlung; in der kalten deutliche Temperaturabsenkung auf 10 Grad und weniger.

Westliche Zierschildkröte
Chrysemys picta bellii

▸ Typisch: Die größte und zumindest am Bauchpanzer schönste Unterart der Zierschildkröten. Vorkommen: Nordwest-USA, westlich des Mississippi, Größe: Männchen 16 cm, Weibchen 18-20 cm.
▸ Besonderheiten: Klimatisch hat sie ähnliche Ansprüche wie die genannten Unterarten und ist sehr verträglich und gesellig. Nahrung: 65 % fleischliche, 35 % pflanzliche Ernährung.

Hieroglyphen-Schmuckschildkröte
Pseudemys concinna

▸ Typisch: Außer *Chrysemys* werden alle Schmuckschildkröten in Zuchtfarmen gezüchtet, wobei Mischformen entstehen, die nur schwer den Ursprungsformen zuzuordnen sind.
▸ Besonderheiten: Bewohnt vor allem stark bewachsene Fließgewässer. *Pseudemys*-Arten sind durch ihre Größe und Nahrungsansprüche weniger für die Heimtierhaltung geeignet, größere Gehege und öfterer Wasserwechsel sind nötig.

Florida-Schmuckschildkröte
Pseudemys floridana

▸ Typisch: Vorkommen: vorwiegend Südstaaten der USA in ruhigen stehenden Gewässern. Größen bei *P. concinna* und *floridana*: Männchen 30 cm, Weibchen bis über 35 cm Panzerlänge.
▸ Besonderheiten: Nahrung: mit zunehmendem Alter fast reine Pflanzenfresser, brauchen höhere Temperaturen zur Verdauung und verschmutzen das Wasser stärker als Fleischfresser.

Florida-Rotbauchschildkröte
Pseudemys nelsoni

▸ Typisch: Die ungeeignetste der erhältlichen Arten für die Heimtierhaltung. Sie ist *P. concinna* und *floridana* ähnlich in Körpergröße und Lebensansprüchen, doch als Bewohner Floridas wärmebedürftiger als diese.
▸ Besonderheiten: Ähnliche Ansprüche an Nahrung, Raumbedarf und Strahlungswärme wie *P. concinna* und *floridana*. Für Freilandhaltung nur im Hochsommer geeignet.

Falsche Landkartenschildkröte
Graptemys pseudogeographica (kohnii)

▸ Typisch: Nach Ausfuhrbeschränkung der Rotwangen als Ersatz im Handel. Sägerückenschildkröten eignen sich nur für fortgeschrittene Halter. Größe: Männchen 13 cm, Weibchen 25 cm.
▸ Besonderheiten: Nahrung: Allesfresser mit Schwerpunkt Insekten bei den Männchen und Mollusken bei den Weibchen. Soziales: Untereinander und mit anderen Arten gut verträglich.

Die richtige Wahl

Die Rotwangen-Schmuckschildkröte zählt sowohl zu den schönsten und lebhaftesten als auch zu den kleinsten und häufigsten Schmuckschildkröten. Dies macht sie für die Heimtierhaltung besonders attraktiv.

Eine Schildkröte erobert die Welt

Die Robustheit der Rotwangenschildkröte und die daraus resultierende Möglichkeit, sie in Zuchtteichen in großen Mengen zu vermehren, trugen ihr den zweifelhaften Ruf ein, die am weitesten verbreitete Schildkröte zu sein. Tatsächlich brachten Bekannte mir Rotwangenschildkröten von einer Japanreise als „Geschenk“ mit. Ich selbst war nicht wenig erstaunt gewesen, in den zoologischen Gärten von Calcutta in Indien und Dacca in Bangladesh anstelle einheimischer Arten Rotwangenschildkröten vorzufinden. In Dacca war der Betontrog, in welchem die Tiere gehalten wurden, mit einem absperrbaren Gitterdeckel verschlossen, vermutlich zum Schutz gegen Diebstahl.

Schmuckschildkröten kann man sich mittlerweile in allen zoologischen Gärten der Welt ansehen.

Keine Lösung

Unsere Zoos haben wohl eher das gegenteilige Problem: Sie bekommen zu viele dieser Tiere und wissen nicht mehr, wie sie sie unterbringen sollen. Oft werden die nach fünfjähriger Pflege dem Wohnzimmeraquarium entwachsenen Schildkröten optisch und geruchlich zum Stein des Anstoßes und von den verantwortungslosen Besitzern in zoologischen und botanischen Gärten deponiert.
Die verwerflichste Art der Entsorgung ist es aber, die Heimtiere einfach in der Natur auszusetzen, denn so entsteht für die einheimische Tierwelt eine Faunenverfälschung mit all ihren negativen Folgen. Es ist traurige Tatsache, dass in Deutschland in freier Natur mehr

ausgesetzte Rotwangen-schildkröten als einheimische Europäische Sumpf-schildkröten leben.

Vor dem Kauf überlegen

Dass Schildkröten als Streichel- und Schmusetiere nicht geeignet sind, wissen wir bereits. Auch sollte eine Schmuckschildkröte nicht aus einer spontanen Idee heraus gekauft werden und erst recht nicht als „Kinder-spielzeug". Schmuckschildkröten eignen sich auch nicht, ein Aquarium mit Fischen zu bereichern oder dem Wohnzimmer einen exotischen Glanzpunkt zu verleihen.

Ausgesetzte Schildkröten bevölkern viele einheimische Gewässer.

Informationen sammeln

Informieren Sie sich vorher eingehend über die Lebensansprüche der Tiere und prüfen Sie genau, ob Sie den Aufwand an Anschaffungs- und Betriebskosten sowie an Platz, Raum und Zeit für die Pflege über viele Jahre hinweg bewältigen können und wollen. Idealerweise lesen Sie vor dem Tierkauf ein Buch und erkundigen sich bei erfahrenen Haltern dieser Schildkröten. Ihnen, den Kindern und den Schildkröten bleibt dann viel Leid erspart.

Vorbereitet sein

Sinnvoll ist es vor allem auch, technische Vorbereitungen zu treffen, wie die dem Alter angepasste Einrichtung des ersten Aquariums für Ihre Neulinge.

SMART

Faunenverfälschung

- **Zu groß gewordene,** in die Natur „entsorgte" Schildkröten bedrohen einheimische Arten. Vor allem in Südeuropa verdrängen sie die Europäische Sumpfschildkröte.
- **Es gibt** Auffangstationen für solche Tiere (Informationen im Internet).

Eine Schmuckschildkröte kaufen

Die Informationen über die Haltung und die zu erwartenden Kosten sind eingeholt und einen Platz für ihren Behälter festgelegt. Es ist so weit, wir können uns nach Schildkröten umschauen. Wie können wir gesunde von geschwächten oder kranken Tieren unterscheiden?

Ein gutes Zeichen: Diese Wasserschildkröte hat sich nach kurzer Eingewöhnungszeit bereits aus dem Wasser ans Land begeben, um sich zu sonnen.

Vom Leidensweg importierter Tiere haben wir bereits gelesen. Durch Stress, Angst und Kälte oder Hitze, Hunger und Durst geschwächt, sind die kleinen Schildkröten recht empfänglich für Krankheiten. So finden wir sie oft in gesundheitlich angegriffenem Zustand beim Händler vor.

Stellen Sie sich vor dem Kauf auch noch die Frage, wie viele Tiere Sie erwerben wollen. Wenn Sie vor allem an ihrem Sozialverhalten interessiert sind und später vielleicht sogar auf Nachzucht hoffen, sollten Sie mindestens drei Schildkröten auswählen. Eine größere Gruppe kann aber auch Probleme bereiten, dies wird später genauer beschrieben.

1 Gesund und munter

Achten Sie darauf, wie sich die Tiere im Wasser bewegen. Sie müssen ohne Anstrengung zum Boden des Beckens tauchen und dort verharren können. Nehmen Sie ein munteres Exemplar in die Hand und schauen Sie nach Verletzungen. Kontrollieren Sie die Haut an Hals, Beinen und Schwanz. Die Augen müssen klar, die Nasenlöcher sauber sein. Der Panzer darf bei leichtem Druck mit zwei Fingern plastisch nachgeben, doch nicht die Konsistenz eines feuchten Kartons haben. Eine gesunde Schildkröte bewegt beim Laufen auf einer nicht zu glatten Fläche ihre Beine gleichmäßig und hebt den Kopf an.

2 Transport

Für den kurzen Transport genügt ein kleiner, allseitig geschlossener Pappkarton, weil die kleinen Schildkröten sehr gut klettern können. Zusammengeknülltes Küchenpapier gewährt Körperkontakt und Halt. Dauert die Reise mehrere Stunden, muss den Tieren Kontakt mit Wasser ermöglicht werden, entweder mit feuchtem Schaumstoff in der Box, oder indem man sie während der Zeit wiederholt badet. Die Transporttemperatur sollte zwischen 20 und 30 °C betragen.

3 Eingewöhnungszeit

Auch wenn Sie keine Krankheitsanzeichen entdeckt haben, kann Ihr Neuling nach dem Kauf erkranken, ohne dass Ihre kurze Pflege daran schuld wäre. Nach drei Monaten Quarantänezeit ist diese Gefahr weitgehend gebannt. Die neuen Tiere sollten möglichst einzeln gehalten werden, um Ansteckungen oder Futterstreitigkeiten zu verhindern. Keinesfalls sollten sie sofort zu alteingesessenen Tieren gesetzt werden.

Von Klein auf

22 Lebensraum für die Jungtiere

24 Die ersten fünf Jahre

26 Ein Heim für Halbwüchsige

28 Die richtige Umwelt schaffen

SPEZIAL 30 Das Aquarium einrichten

34 Fütterung der Halbwüchsigen

36 Ein Schildkrötenteich im Garten

38 Amtliche Dinge zur Haltung

40 Pflege und Reinigung

Lebensraum für die Jungtiere

Rotwangen-Schmuckschildkröten werden fast immer als Babys angeboten und gelangen so schon in ihrem ersten Lebensjahr in unsere Hände. Ihr Rückenpanzer ist dann fast kreisrund, hellgrün mit gelben Streifen gezeichnet und manchmal auch mit dunklen Punkten. Die roten Wangen hinter den Augen leuchten hell und der Kopf ist putzig abgestumpft.

Wie bei vielen jungen Tieren spricht uns dieses Kindchenschema auch bei den Schildkrötenbabys besonders an.

Quarantänezeit

Für die Unterbringung der Schildkrötenbabys während der Quarantänezeit eignen sich leicht zu reinigende Kunststoffbehälter mit runden Ecken am besten. Große Gemüseschalen aus dem Kühlschrank bieten sich hier ebenso an wie Plastikaquarien aus dem Handel, die meistens schon über einen Deckel verfügen. Der Behälter sollte kompakt, leicht zu tragen und für einen möglichst täglichen Wasserwechsel geeignet sein. In kühlen Räumen ist eine Abdeckung erforderlich.

Junge Schmuckschildkröte (Trachemys s. scripta) beim Sonnenbad.

Platzbedarf

Bei Einzelhaltung ist eine Bodenfläche von etwa 30 × 15 Zentimetern das Minimum für eine Schildkröte von etwa 4 bis 5 Zentimeter Panzerlänge. Der Wasserstand sollte mindestens so hoch sein, wie der Panzer lang ist, damit sich ein auf den Rücken gefallenes Tier leicht umdrehen kann. Auf jeden Fall muss die auf den Hinterbeinen stehende Schildkröte den Wasserspiegel noch mit den Nasenlöchern erreichen können. In der Quarantänezeit wird der Behälter an einem ruhigen Ort aufgestellt, möglichst in Tischhöhe, sodass ein guter Einblick und eine optimale Kontrolle bei geringer Störung der Tiere möglich sind.

Temperatur

Zu allen Jahreszeiten sollte die Wassertemperatur etwa 25 bis 27 °C betragen, die Lufttemperatur etwas mehr.

Besonders nachts ist sehr hohe Luftfeuchtigkeit wichtig. Dazu senken wir die Lufttemperatur in der Nacht ein wenig und decken den Behälter mit einer Glasscheibe, lassen aber einen Luftspalt. Die Temperatur des Wasserteils eines solch kleinen Aquariums muss durch einen sehr schwachen Aquarienheizer (z. B. 5 Watt) oder über die Umgebungstemperatur (Nähe zur Raumheizung) geregelt werden. Neben ausreichenden Luft- und Wassertemperaturen brauchen Schmuckschildkröten zusätzlich Strahlungswärme. In der Natur klettern sie an Pflanzen, Stämmen, Ästen und Steinen aus dem Wasser, um sich wärmender Sonne auszusetzen. Für geschwächte Tiere kann natürliche Mittagssonne zu stark sein, so verwenden wir besser eine künstliche Wärmequelle (Glühbirne), die den Landteil auf 30 bis 35 °C erwärmt. Kontrollieren Sie vorher die Temperatur!
Der Landteil muss leicht reinigbar sein und ohne glatte Oberfläche. Die Tiere müssen auch ihren Bauchpanzer trocknen können. Gut eignet sich ein gebogenes Zierkorkstück, unverrückbar eingehängt oder zwischen die Seitenscheiben geklemmt. Die Tiere können es leicht erklettern oder darunter Deckung finden.
Um die Schildkröten gut beobachten und das Heim sauber halten zu können, bringen wir nur Gegenstände zum Verstecken und Festhalten ein: Teile von Wasserpflanzen (Wasserpest und Tausendblatt) oder Schnüren, die aber so dick sein müssen, dass die Tiere sich nicht verfangen können.

Ein Quarantänebehälter aus Kunststoff dient dem Neuling als erstes Heim.

SMART

Zu Wasser und zu Land

- **Die neuen** Schmuckschildkröten brauchen zuerst kein großes, gefällig eingerichtetes Heim.
- **Nötig sind** Strahlungswärme, die richtige Temperatur und Luftfeuchtigkeit im Gehege, Verstecke und Klettermöglichkeiten.
- **Ein aufwändiges** Aquarium hat Zeit, bis die Babyschildkröten sich gut eingewöhnt haben.

Die ersten fünf Jahre

Fütterung der Babys

Besonders in der kritischen Anfangszeit müssen die Tiere gut im Futter stehen.

Mehlwürmer können gelegentlich angeboten werden, sind aber nicht als Hauptfutter geeignet.

Sie wachsen schnell und brauchen ein reichliches Nährstoffangebot, um gesund groß werden zu können. Wir reichen den kleinen Rotwangenschildkröten möglichst Lebendfutter wie Wasserflöhe, Insektenlarven, kleine Regenwürmer, Fluginsekten, Bachflohkrebse, Schnecken und Wasserpflanzen. Wasserflöhe sind im Sommer, sogenannte rote Mückenlarven, bei denen es sich nicht um Stechmückenlarven handelt, im Winter in manchen Zoohandlungen erhältlich. Steht keine dieser Futtersorten zur Verfügung, können Sie auf geschabte, magere Fischstücke oder Rindfleisch zurückgreifen. Außerdem bietet der Handel für Schildkröten geeignetes Trockenfutter und gefrorene Futtertiere an (siehe Seite 35).

Wachstum

In der Natur wachsen junge Rotwangen-Schmuckschildkröten im ersten Lebensjahr auf eine Panzerlänge von etwa 5 bis 7 cm, im zweiten auf 7 bis 11 Zentimeter (Stockmaß). Im dritten Lebensjahr bleiben die Männchen etwas hinter den Weibchen zurück, die dann etwa 9 bis 15 Zentimeter Länge erreichen. Die Männchen messen nun 8 bis 12 cm, im vierten Lebensjahr 10 bis 14 Zentimeter. Jetzt sind die Weibchen etwa 13 bis 18 Zentimeter lang. Im Alter von fünf Jahren rechnet man mit einer Durchschnittsgröße von etwa 17 Zentimetern bei Weibchen und 13 Zentimetern bei Männchen.

Wo die Jungtiere in der Natur leben

In ihren ursprünglichen Lebensräumen bewohnen die jungen Schmuckschildkröten fast jede erdenkliche Wasseransammlung wie Seen, Teiche, Sümpfe, Flüsse und Bäche. Sie bevorzugen Stellen mit dichter Pflanzenvegetation, schlammigem Grund und wenig Strömung. Die Jungtiere halten sich besonders gern in den meist wärmeren Flachwasserzonen des Ufers auf, wo auch das Nahrungsangebot an Kleinlebewesen besonders groß ist. Sie benötigen unbedingt

In wenigen Jahren wird eine niedliche Babyschildkröte zu einem stattlichen Tier.

Sonnenplätze auf aus dem Wasser ragenden Wurzeln, Ästen, Pflanzen oder Steinen. Im Pflanzengewirr der Ufervegetation sind die kleinen Schildkröten vor Fressfeinden wie großen Fischen, Vögeln und Kleinsäugern halbwegs sicher.

Jungschildkröten sind verträglich

In diesem Alter können wir mehrere Schmuckschildkröten gemeinsam halten. Sie sind untereinander verträglich und gedeihen in Gesellschaft auch besser. Futterneid kann zurückhaltende Tiere mitreißen, zu Aktivitäten, zum Spielen und zum Fressen animieren. Die einzige Gefahr besteht darin, dass schwächere oder scheuere Exemplare von den stärkeren verdrängt, ständig gestört und nicht ans Futter gelassen werden. Regelmäßige Kontrollen des Verhaltens und des Wachstums eines jeden einzelnen Tieres werden Ihnen zeigen, ob die Gesellschaft der halbwüchsigen Schildkröten funktioniert oder ob manche Tiere benachteiligt werden. Diese müssen dann im schlimmsten Fall gesondert gehalten werden, bevor sie ernsthaft Schaden nehmen.

SMART

Der nächste Schritt

- **Ihre kleinen** Schildkröten haben die Quarantänezeit ohne Krankheitserscheinungen überstanden.
- **Sie sind** herangewachsen und es wird Zeit, ihnen ein Gehege anzubieten, das ihren jetzigen Bedürfnissen entspricht.
- **Das neue Gehege** soll unseren Vorstellungen gerecht werden, die in einer ästhetischen Gestaltung, guten Beobachtungsmöglichkeiten und leichter Bedienbarkeit liegen.

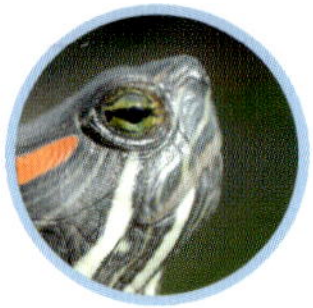

Das Heim für Halbwüchsige

Der Behälter der Schmuckschildkröten muss genügend freien Schwimmraum bieten, andererseits aber auch Gegenstände enthalten, mit deren Hilfe die Schildkröten sich verstecken oder an die Wasseroberfläche gelangen können.
Dazu eignen sich Steine, Schwimmpflanzen und Äste. Ein Landteil muss den Tieren zur Verfügung stehen, der entweder täglich von der Sonne beschienen oder unter einer Wärmequelle platziert werden kann. Außerdem sollte der Behälter einen guten Einblick gewähren, idealerweise von der Sitzgruppe aus.

Schildkrötenwelt im Aquarium

Diesen Anforderungen können Sie mit einem aus Glas geklebten Aquarium leicht gerecht werden. Während Becken in Standardmaßen jederzeit im Zoohandel erhältlich sind, benötigen wir für die Schildkrötenpflege eine möglichst große Grundfläche. Es gibt aber viele Aquarienbauer, die auch auf Maß anfertigen.
Ob wir eine Abdeckung mit darin enthaltener Beleuchtung wählen, hängt davon ab, ob die Raumtemperatur den Ansprüchen der Tiere genügt und ob das Aquarium im Sonnenlicht oder in einer dunkleren Ecke untergebracht wird, wo es zusätzlich als indirekte Raumbeleuchtung dienen soll.

Die richtige Größe

Entscheidend für die Behältergröße ist der Schwimmraum; der Landteil braucht nur so groß zu sein, dass alle Tiere gleichzeitig Platz finden und schwächere nicht verdrängt und ins Wasser zurück gestoßen werden.
Die geeignete Aquariengröße wird nach Anzahl und Größe der Schildkröten bemessen. Wollen wir nur eine oder zwei Schildkröten pflegen, wählen wir einen Behälter, der siebenmal so lang ist wie das (größere) Tier. Die Breite sollte etwa die Hälfte der Länge betragen. Für jede weitere Schildkröte zählen wir etwa ein Zehntel der Bodenfläche hinzu. Die längliche Form der meisten Aquarien bietet gute Beobachtungsmöglichkeiten, die relativ geringe Breite und Höhe erleichtern Bedienung und Pflege. Auf jeden Fall sollten wir alle Bereiche des Aquariums erreichen

Wertvolle Tipps

Schmuckschildkröten sind sonnenhungrige Tiere. Sollten Sie ihren Behälter nicht hell genug aufstellen können, pflegen Sie besser Klapp- oder Moschusschildkröten.

Idealerweise sollten Sie Ihren Rotwangen-Schmuckschildkröten die Möglichkeit bieten, die natürlichen Sonnenstrahlen zu genießen.

Alternativ muss der Landteil des Schildkrötenheimes mit einer wärmenden Lichtquelle ausgestattet werden, unter der sich die Tiere aber nicht verbrennen dürfen.

Die Größe des Behälters für die Schildkröten richtet sich nach deren Panzerlänge und Anzahl.

können! Wenn aus Raumgründen andere Proportionen vorteilhaft sind, rechnen Sie die erforderliche Grundfläche dementsprechend aus.

Berechnungsbeispiel

Wir haben ein Männchen und zwei Weibchen der Rotwangen-Schmuckschildkröte im Alter von etwa fünf Jahren.

Das größte Tier besitzt, sagen wir 17 Zentimeter Panzerlänge. Für zwei Tiere benötigen wir ein Aquarium der siebenfachen Panzerlänge des größten Tieres.

Das Becken sollte also 120 Zentimeter lang sein (7 × 17 = 119). Da das Becken halb so breit wie lang sein sollte, ergeben sich daraus für die Breite 60 Zentimeter.

Die Bodenfläche beträgt für die beiden Tiere dementsprechend 7200 Quadratzentimeter (120 × 60 = 7200) oder 0,72 Quadratmeter.

Für die dritte Schildkröte zählen wir nun noch 1/10 Fläche hinzu, also 720 Quadratzentimeter, und erhalten dann insgesamt 7920 Quadratzentimeter (7200 + 720 = 7920) oder 0,792 Quadratmeter. Dies entspricht in etwa einer Grundfläche des Beckens von 130 × 60 oder 90 × 90 Zentimetern.

SMART

Vorschrift und Ideal

- **Die Mindestanforderungen** geben nur das absolute Minimum, die Behältergröße betreffend, an. Ideal sind aber größere Behälter.
- **Mindestanforderungen** setzen verträgliche Tiere voraus. Doch selbst sozial lebende Arten entwickeln mitunter unsoziale Individuen. Dann liegt es an uns, trennend einzuschreiten.

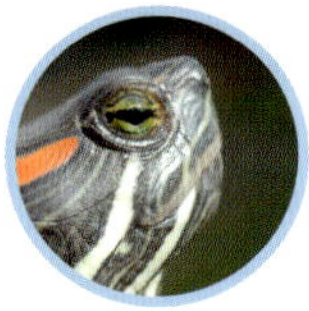

Die richtige Umwelt schaffen

Bei der Gestaltung der Umwelt für die Schmuckschildkröten in Ihrem eigenen Zuhause sollten Sie sich soweit wie möglich daran orientieren, wie die Bedingungen im natürlichen Lebensraum der Tiere sind.

Licht und Sonne

Junge Schildkröten verlassen in der Natur sehr häufig das Wasser, indem sie Äste, Holzstämme oder Pflanzenteile erklettern. Dabei verfolgen sie unbewusst mehrere Ziele.

- Am Morgen erwärmt die Sonne die Luft viel schneller als das Wasser. Daher sonnen sich die Tiere besonders in den Vormittagsstunden, um sich aufzuwärmen.
- Im Aquarium sollte die Temperatur auf der Oberfläche des Landteiles 30 bis 35 °C betragen.
- Die Schildkröten benötigen UV-Lichtanteile zur Synthese von Vitamin D3, das für Jungtiere zum Wachstum unentbehrlich ist.
- Falls sie in der warmen Jahreszeit keinen Zugang zum natürlichen Sonnenlicht erhalten, müssen sie mit einer UV-Lampe bestrahlt werden.
- Die Dauer der Behandlung und der Abstand zur Lampe sind vom jeweiligen Fabrikat abhängig, sodass man genau auf die Gebrauchsanweisung achten muss.

Beim Aquaterrarium ohne Rückwand erhält der Landteil in der Nähe eines nach Süden gerichteten Fensters genügend Sonne.

Trocknen der Haut

In den Hautfalten der Achseln, des Halses, der Beine und zwischen den Panzerschildern der Tiere siedeln sich oft Pilze und Bakterien an, die bei geschwächten Tieren leicht überhand nehmen können.
Periodisches Trocknen und vor allem UV-Licht vernichten diese Keime. Das Trocknen der Körperoberfläche ist neben der richtigen Ernährung eine Voraussetzung dafür, dass sich im Rahmen der jährlichen Häutungen

SMART

Problemlose Häutung

- **Wichtig** für einen guten Häutungsablauf ist es für die Schildkröten, dass sie sich regelmäßig an Luft und Licht trocknen können.
- **Eine optimale** Ernährung mit allen lebensnotwendigen Stoffen hält die Haut in guter Konditon und ist ebenso essenziell für eine gute Häutung.

die Hornplatten lösen, die ja nicht mit den Tieren mitwachsen können.

Sonnenbaden

Bald werden Sie Ihre kleinen Schildkröten dabei beobachten, wie sie dem Licht und den Wärmestrahlen der natürlichen oder künstlichen Sonne entgegenstreben und, sobald sie den richtigen „Platz an der Sonne" gefunden haben, den Hals ausstrecken und ihre paddelartigen Beinchen der Wärmequelle präsentieren.

Sie sollten des Öfteren nachkontrollieren, ob alle Tiere dieses Verhalten zeigen.

Es kann vorkommen, dass Schwächere abgedrängt, ins Wasser zurückgestoßen und dabei so verängstigt werden, dass sie froh sind, im Wasser Ruhe zu finden, während sich die anderen Tiere sonnen. In diesem Fall müssen Sie eingreifen und das betroffene Tier in einer Pappschachtel trocknen.

Auch zu langes „Sonnenbaden" nach Sonnenuntergang oder nach dem Abschalten der Bestrahlungslampe deutet auf Unausgewogenheiten hin. Sie sollten dann versuchen herauszufinden, ob die Tiere etwa versuchen, deshalb an Land zu bleiben, um überlegenen Artgenossen zu entkommen. Dann sollten Sie das Verhalten der Gruppe intensiver beobachten, um eventuell ein unterlegenes Tier herauszunehmen. Ein weiterer Grund für dieses Verhalten könnte sein, dass sie danach trachten, Haut- oder Panzererkrankungen „an Land" auszuheilen.

Ein Aquaterrarium mit Rückwand braucht eine eingebaute Beleuchtung und Strahlungswärmequelle.

Das Aquarium einrichten

Die Hauptbereiche in einem Schmuckschildkrötenaquarium sind die anteilsmäßig größere Wasserzone und der Landteil. In beiden kann mit verschiedenerlei Einrichtungsgegenständen den Tieren eine lebensgerechte Umwelt und dem Betrachter ein schönes Bild geschaffen werden.

Die Konstruktion des Landteiles ist ganz der Phantasie und dem Geschmack des Pflegers überlassen. Wichtig ist nur, dass er leicht gereinigt werden kann. Steinaufbauten, deren Zwischenräume mit Sand verfüllt sind, wirken gefällig, stellen aber einen Bakterienherd dar.

Die Einrichtung unter Wasser soll Versteckplätze und Sichtbarrieren gegenüber Artgenossen bieten sowie den Schildkröten als Ein- und Ausstiegshilfen in verschiedenen Höhen dienen. Unseren ästhetischen Ansprüchen käme eher sandiger Bodengrund mit wurzelnden Wasserpflanzen und zur Oberfläche führenden Ästen und Wurzeln entgegen. Auch über dem Wasser sind Pflanzen eine optische Bereicherung. Sie dürfen von den Schildkröten aber nicht erreicht, zerstört oder als Kletterhilfe genutzt werden können.

1 Im Landteil dienen eingehängte oder eingeklemmte Korkstücke, Äste, Wurzeln und Steinplatten, die eine raue Oberfläche haben und über Wasser abtrocknen, den Tieren als trockene und hygienisch saubere Sonnenplätze. Sie beeinträchtigen auch nicht den Schwimmraum der Tiere. Eine größere Landfläche ist nicht erforderlich.
Auf einer ebenen Fläche kann der Bauchpanzer der Schildkröten schlecht abtrocknen, deshalb sind gerundete Steine, Hölzer oder Korkrindenstücke weit besser geeignet.

2

▸ **Als Inseln** im Aquaterrarium lassen sich unterschiedliche Materialien verwenden: Eine Wurzel wie oben oder ein mit Sand gefüllter Blumentopf mit Steinplatte sind nur zwei von vielerlei Möglichkeiten. Wegen des Aufwandes bei der Pflege des Aquariums werden wir den Bodensand durch wenige Steinplatten, wurzelnde Pflanzen und einen kunstvollen Steinaufbau durch wenige, aber standfeste Steine ersetzen. Zudem müssen wir bei der Einrichtung darauf achten, dass der freie Schwimmraum der Schildkröten nicht eingeengt wird.

3

◂ **Eine eingeklebte** Glasscheibe trennt aufgeschütteten Sand und Steine vom Wasser- und Schwimmbereich des Aquaterrariums ab (oben). Große Steine auf der Wasserseite bieten den Schildkröten eine Aufstiegsrampe.
Ein Landteil in Form von aufgeschüttetem Sand hinter einer Steinbarriere (unten) ist ungeeignet, da er durch das Wasser verunreinigt wird.
Wichtig bei allen Arten von Landteilen ist, dass darüber eine Strahlungslampe im richtigen Abstand installiert wird, die den Schildkröten den „Platz an der Sonne“ garantiert.

Wasser, Licht und Wärme

Der Wasser- und Schwimmbereich mit den richtigen Temperaturen im Behälter spielt die zentrale Rolle dabei, wie wohl sich Ihre Schmuckschildkröten fühlen.

Wassertiefe

Mit dem zunehmenden Alter Ihrer Schildkröten können Sie die Wassertiefe erhöhen. Gesunde Schmuckschildkröten können leicht schwimmend zur Wasseroberfläche gelangen. Stabile Steinaufbauten oder eingeklemmte, fest montierte Äste bieten ihnen dazu eine gute Hilfe.

▸ Die Höhe des Wasserstands sollte bei guten Schwimmern wie Schmuckschildkröten der doppelten Panzerlänge des kleinsten Tieres entsprechen. Ist in unserem Rechenbeispiel das Männchen mit 13 Zentimeter Länge das kleinste, sollte das Wasser 26 Zentimeter tief sein. Wählen wir dazu einen 24 Zentimeter hohen Luftraum, hätte unser Aquarium für drei fünfjährige Rotwangenschildkröten die Maße 130 × 60 × 50 Zentimeter.

Wasser ist das eine Lebenselement für die Schildkröten, ein genügend großer Wasserbereich erlaubt ihnen, ausgiebig zu schwimmen.

Standort

Bei der Wahl des geeigneten Platzes für ihr Gehege sollten wir zu allererst dem Bedürfnis der Schildkröten nach Licht und Strahlungswärme Rechnung tragen. Die billigste und beste Licht- und Wärmestrahlungsquelle ist die Sonne, selbst wenn sich dazwischen Glasscheiben befinden.

▸ Der ideale Ort für die Tiere wäre in der Nähe von oder an einem sonnigen Fenster. In der wärmeren Jahreszeit sollte den Schildkröten Zugang zu den ungefilterten Sonnenstrahlen am offenen Fenster, Balkon oder im Garten ermöglicht werden.

Temperatur

Rotwangen-Schmuckschildkröten leben in den USA von den Golfstaaten im Süden

bis fast zu den Großen Seen im Norden der Staaten.
Die Zuchtfarmen und -teiche werden aus wirtschaftlichen Gründen am Golf von Mexiko betrieben. Hier im Süden sind Schmuckschildkröten auch wesentlich häufiger anzutreffen, es finden sich dort die größten Populationsdichten in der Natur.
Es ist also sehr wahrscheinlich, dass unsere Tiere von einer der Populationen aus diesem Raum stammen und daher auch an die dort herrschenden Verhältnisse angepasst sind.
Im subtropischen Klima des Mexikanischen Golfs steigen die Temperaturen im Sommer auf über 30 °C, bei drückender Schwüle. Herbst und Frühjahr sind etwa mit unserem Sommer vergleichbar, der Winter mit unserem

Empfohlene Wassertemperaturen für Schmuckschildköten vom Golf von Mexiko

- **Herbst:** 20 bis 25 °C
- **Winter:** 15 bis 20 °C
- **Frühling:** 20 bis 25 °C
- **Sommer:** 25 bis 30 °C

Strahlungswärme ist die zweite Grundvoraussetzung für ein gesundes Leben.

Herbst. Wir sollten unsere Jungtiere aber nicht schon in den ersten Jahren den Wintertemperaturen ihrer Heimat aussetzen.
Da die Lebensbedingungen im Aquarium und das Futter bei uns nicht so gut sind wie in der Natur, müssen wir dies durch nicht zu kühle Haltung in der kalten Jahreszeit ausgleichen. Zur Erwärmung des Behälters verwendet man am besten einen Aquarienheizer, dessen Stärke von der Position des Beckens in Bezug auf die Raumheizung abhängt.

In geheizten Wohnungen sind meistens nicht mehr als 0,5 Watt Leistung pro Liter Wasser nötig. Man muss darauf achten, welche Temperaturen sich im Becken einstellen und möglicherweise ein Gerät anderer Leistung einsetzen.
Die Lufttemperatur sollte etwas höher sein als die des Wassers. Dies erreichen wir durch eine Strahlungslampe, falls wir die Sonne nicht direkt nutzen können. Eine leichte Abkühlung zur Nacht wird durch das Abschalten der Lampe erreicht.

Fütterung der Halbwüchsigen

Rotwangen gelten in den ersten Lebensjahren als fleischfressend. Nach anfangs kleinsten Wasserlebewesen brauchen sie mit zunehmendem Alter immer größere Beutetiere und ihr Appetit auf Wasserpflanzen nimmt stetig zu.

Lebendfutter selbst besorgen

Wenn uns die natürliche Nahrung der halbwüchsigen Schmuckschildkröten vom Wasserfloh über Insektenlarven bis hin zu kleinen Fischen nicht immer zur Verfügung steht, dann gilt es, Ersatzfutter anzubieten. In Tierhandlungen wird ein großes Angebot an Frost- und Trockenfutter bereitgehalten.
Dennoch ist Lebendfutter ideal, auch wenn es nur Fliegen und Grashüpfer sind, die Sie und Ihre Kinder selbst draußen auf den Wiesen mit einem Kescher als Wiesenplankton erjagen können.

Im gekescherten „Wiesenplankton" finden sich viele kleine Insekten, die an die Schildkröten verfüttert werden können.

Vitamine & Co.

Wenn das Futter der Tiere hauptsächlich aus konservierten Nahrungsbestandteilen besteht, ist die Zugabe von Vitaminen, Spurenelementen und Kalk nötig. Am einfachsten ist es, kleine, schildkrötenmaulgerechte Rindfleischstückchen mit den entsprechenden Präparaten zu panieren und sie jedem Tier einzeln mit der Pinzette oberhalb des Wasserspiegels zu reichen.

Wieviel Futter

Neben der Futterqualität ist die angebotene Menge entscheidend. Damit der Behälter nicht zu sehr verschmutzt wird, sollten wir nur solche Portionen anbieten, dass sie von den Tieren gleich hungrig aufgenommen werden. Außer bei einer Quarantäne- oder Krankenbehandlung sollte niemals Futter am Aquarienboden liegen bleiben.
Auch sollte man Wasser- und Wildpflanzen wie Löwenzahn, sowie Gemüse und Salat nur von sauberen Standorten anbieten und es

in jedem Fall vor dem Verfüttern gut waschen. Die natürliche Pflanzenkost umfasst verschiedene Algen, Wasser- und Sumpf- sowie Schwimmpflanzen von der Wasseroberfläche wie Nixkraut, Hornblatt, Pfeilkraut und Fadenalgen. Da sie für viele Pfleger schwer zu beschaffen sind, ist es gut zu wissen, dass besonders Löwenzahn von fast allen Wasserschildkröten aus allen Erdteilen gerne als Ersatz angenommen wird.

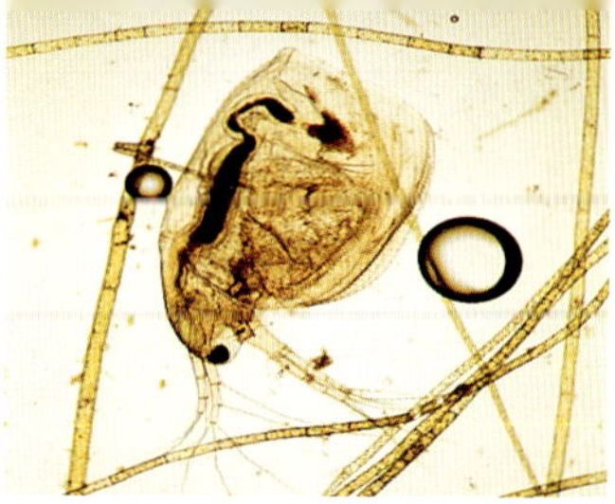

Futterarten: Oben links rote Mückenlarven, oben rechts Wasserflöhe, Mitte links Nacktschnecken, Mitte rechts Regenwürmer, unten links Rindfleischstücke, unten rechts Vitamin- und Minaralstoffzusätze .

Fastentage

Während wir im ersten Lebensjahr die jugendlichen Schmuckschildkröten fast täglich füttern, sollten die Tiere im Laufe der nächsten Jahre zunehmend Fastentage einlegen. Dies gilt besonders für die Winterzeit, in der unsere Schildkröten ein wenig langsamer treten sollten – wie in freier Natur. Phasen reduzierter und verstärkter Aktivität, zusammen mit den verschiedenen Tageslängen im Ablauf des Jahres sind biologisch nützlich und halten die Tiere langfristig gesünder.
Damit unsere Schildkröten Körpertemperatur und Stoffwechsel herabsetzen können, schalten wir während des Winters die Strahlungslampe nur gelegentlich ein.
In der Natur stellen die Schmuckschildkröten unter etwa 18° C die Nahrungsaufnahme ein, sie können dann nicht mehr verdauen. Wenn im Frühjahr die Temperaturen 18° C wieder überschreiten können sie ihre Ruhephase beenden.

SMART

Für Schmuckschildkröten geeignete Futterpflanzen

- **Wollen Sie** Schildkröten frisches Grün anbieten, eignen sich Löwenzahn, unbehandelte Wiesenpflanzen, Wasserpflanzen,Gemüse und Kohl, Salate, reife Früchte.
- **Bieten Sie** vielfältige Kost an und lassen Sie die Tiere auswählen.

Ein Schildkrötenteich im Garten

Die ganzjährige Haltung im Freien – im Garten, auf der Terrasse oder dem Balkon – ist nur mit solchen Tieren möglich, deren Klimaverlauf im natürlichen Vorkommensgebiet dem an unserem Standort ähnlich ist.

Einen Teich anlegen

Wenn Sie Zierschildkröten der Gattung *Chrysemys* ganzjährig in Mitteleuropa im Freien halten wollen, dann sollten Sie einen in die Erde versenkten künstlichen Teich anlegen, fälschlicherweise oft Biotop genannt. Dieser wird meist nach dem Erdaushub mit einer Teichfolie gebaut. In frei aufgestellten Wannen (siehe Seite 12) würde das Wasser im Winter allseitig gefrieren. Allerdings ist bei der Besetzung mit Wasserschildkröten im Gegensatz zu Zier- oder Fischteichen einiges zu beachten. Zierschildkröten sind durchaus gute Schwimmer – bei Temperaturen über 15° C. Sinkt die Wassertemperatur im Herbst, wird ihre Motorik immer mehr beeinträchtigt.

Teichgestaltung

Das Profil des Teiches sollte zumindest an zwei Seiten flache Ufer, besser eine Flachwasserzone aufweisen. Die Folie selbst sollte eine raue Oberfläche haben. An der Gehegegrenze muss der Teichrand ausbruchsicher und daher senkrecht gestaltet werden und der Wasserstand sollte höchstens 20-25 cm betragen.

Teichpflege

Ein Aquarium von 150 cm Länge gilt als groß, ein Gartenteich von 300 cm Länge eher klein. Bei sparsamer Tierbesetzung und Bepflanzung erübrigt sich eine Pflege im Sinne der Wasserhygiene weitgehend. Nur die Menge abgestorbener Pflanzen und eingefallenes Laub sollten kontrolliert werden. 10 cm Bodenschlamm sind erwünscht und werden von den Tieren geschätzt.

Als Sommerquartier

Ein Freilandteil in der genannten Beschaffenheit und ausreichend umgrenzt, bietet Schmuckschildkröten ein ideales Sommerquartier. Für die Bewohner Floridas allerdings nur in unserem Hochsommer, für klimatisch

Schildkötenfreigehege an der Hauswand mit einem etwa vier Quadratmeter großen Teich.

anspruchslosere Tiere wie *Trachemys scripta* etwa von Ende Mai bis September.

Sonderform des Schildkrötenteiches

Für die Fortpflanzung, besonders für die Eireifung bei den Weibchen, ist in den entscheidenden Monaten April und Mai die Temperatur bei uns oft zu kühl. So habe ich meine Teiche teilweise transparent überdacht, das heißt, in ein Glashaus eingebaut. Die Sonne erwärmt im Frühjahr den Raum über diesem Teichteil so stark, dass die Tiere mindestens zweimal im Jahr befruchtete Eier legen. Schließlich konnte ich meine Frage, was die Tiere in den Wintermonaten so treiben, durch eine zugegebenermaßen aufwendige und nicht für jeden Schildkrötenhalter zu realisierende Konstruktion beantworten: Der Teich wurde im Glashaus durch eine senkrechte Glasscheibe begrenzt, der Fußboden davor so abgesenkt, dass die Schildkröten im Teich von innen wie in einem Aquarium beobachtet werden können, im Winter sogar unter dem Eis.

Nur erwachsene Schildkröten sind für die Freilandhaltung in unseren Breiten wirklich robust genug.

SMART

Überlebensstrategie

- **Die Fortpflanzungsweise** der drei *Chrysemys*-Arten, die bis ins kältere Kanada vorkommen, wurde erst vor wenigen Jahrzehnten erkannt: Ihre Frühjahrsgelege entwickeln sich im warmen Sommer gut, die Jungen schlüpfen ganz normal im August oder September.
- **Bei den Sommergelegen** dagegen wird die Embryonalentwicklung verzögert. Die Jungen schlüpfen zwar noch im Spätherbst, verharren aber auf ihren Eischalen und frieren 10 cm unter der Erdoberfläche völlig durch. Die Dicke der Schneedecke entscheidet über ihr Überleben.
- **Im folgenden März, April** tauen die Jungen wieder auf und verlassen ihr Nest an warmen Maitagen. So finde ich dann fast jedes Jahr kleine Schlüpflinge beim Sonnen am Teichufer.

Amtliche Dinge zur Haltung

Schildkröten haben in vielen Jahrmillionen die verschiedensten Veränderungen ihrer Lebensräume und des Klimas nahezu unverändert überlebt. Erst in den letzten 100 Jahren sind viele Arten in ihrem Bestand bedroht. Eine erste Schutzmaßnahme: nationale Gesetze und Verordnungen sowie internationale Abkommen.

Gesetzliche Regelungen

Wer Schildkröten exportieren, importieren, halten, züchten, kaufen oder verkaufen will, sollte sich im jeweiligen Land nach den diesbezüglichen gesetzlichen Bestimmungen erkundigen.
Die anzusprechenden Adressen sind der Zoofachhandel, Zoologische Gärten, der Tierarzt, die Naturschutz- oder Artenschutzbehörde sowie zuständige Vereine und Interessensvertretungen.

Sachkunde ist gefragt, besonders wenn man mit einem Schildkrötenbaby in die Haltung einsteigt.

Artenschutz

Folgende gesetzliche Regelungen sind zu beachten:

- das Washingtoner Artenschutz-Abkommen
- die EU-Artenschutzverordnung
- das Bundesnaturschutzgesetz
- die Bundesartenschutzverordnung
- die Naturschutzgesetze der Bundesländer

Diese Gesetze sind vor allem auf Handels- und Transportbeschränkungen ausgerichtet. Das unaufhaltsame Artensterben der letzten hundert Jahre ist aber in erster Linie auf die Zerstörung der natürlichen Lebensräume zurückzuführen. Dagegen können die bestehenden Artenschutzgesetze wenig ausrichten. Das wäre, als würde man einen lebensbedrohlich Erkrankten unter Schutz stellen. Schmuck-

Ein gesundes Schildkrötenleben bedeutet für den Pfleger, ständig dazuzulernen und sich zu informieren.

schildkröten sind von solchen Gesetzen kaum betroffen, die seltenen Arten gelangen nicht in den Handel, die leicht erhältlichen werden in den Südstaaten der USA in Farmen gezüchtet und ihre Naturbestände sind dadurch nicht bedroht.

Tierschutz

▸ Dass Massenzuchten von Tieren, so auch von Schildkröten, Tierleid erzeugen, scheint einleuchtend. Ihr Leidensweg reicht von Geburt an über die Verpackung, den Transport, die Verteilung bis letzten Endes vielfach hinein bis in die Aquarien Unkundiger in aller Welt, die ihnen nicht adäquate Lebensbedingungen bieten.

Nachdem die Massenzucht und der millionenfache jährliche Export der Rotwangen-Schmuckschildkröte beschränkt wurden, hat der Tierhandel andere Schmuckschildkrötenarten der US-Südstaaten in sein Programm aufgenommen. Diese sind anspruchsvoller in der Haltung und deshalb weniger gut für das Heimaquarium geeignet.

SMART

Achtung!

- **Prüfen Sie vor dem Kauf** Ihre räumlichen, finanziellen und zeitlichen Möglichkeiten.
- **Prüfen Sie vor allem,** ob Sie ausreichend Interesse und Geduld aufbringen wollen, Schildkröten in Ihr Heim aufzunehmen, die Jahrzehnte bei Ihnen leben könnten.
- **Auf keinen Fall** sollten zu groß gewordene Schildkröten, deren man überdrüssig geworden ist, in unseren heimischen Gewässern ausgesetzt werden.

Pflege und Reinigung

Bei guter Pflege wachsen junge Schmuckschildkröten schnell heran und fressen immer größere Mengen an Futter. Sie setzen daher auch mehr Kot im Aquarium ab, der dann gemeinsam mit den Futterresten das Wasser verunreinigt. Die regelmäßige Reinigung ist Pflicht, wenn die Tiere gesund bleiben sollen.

Wichtiger Wasserwechsel

Zuerst sind es Schwebstoffe, die das Wasser trüben, dann vermehren sich Bakterien und das Wasser beginnt zu stinken. An unzugänglichen Stellen des Bodens bildet sich Faulschlamm; Keimen und Krankheitserregern sind Tür und Tor geöffnet. Die handelsüblichen Aquarienfilter sind für Fischbecken konzipiert und mit Belastungen eines Schildkrötenbeckens völlig überfordert. Wir müssten sehr große Kreiselpumpenfilter verwenden, um die Schwebstoffe aus dem Wasser zu entfernen und es auch nur etwas länger optisch rein zu halten. Um aber auch die gefährlichen Keime zu vernichten, die wir mit bloßem Auge nicht sehen können, ist regelmäßig ein vollständiger Wasserwechsel und das Abbürsten aller Einrichtungsgegenstände notwendig.

Wichtig für die Gesundheit ist sauberes Wasser, hier Graptemys nigrinoda nigrinoda beim Auftauchen.

Bodenablauf

Das Aquarium sollte möglichst einen Bodenablauf mit Anschluss an das Abwassernetz besitzen. Leider sind im Handel kaum solche fertigen Aquarien mit Abfluss erhältlich. Lässt man sich das Aquarium nach Maß herstellen, kann man eine entsprechende Bohrung bereits bei der Bestellung in Auftrag geben. Ein geschickter Glaser schneidet aber auch bei einem fertigen Aquarium noch ein Loch für einen Abfluss in den Boden. Der Durchmesser der Bohrung sollte etwas größer als der der verwendeten Rohre sein.

SMART

Sauberer Landteil

› **Auch oberhalb** der Wasserlinie sollten Futterreste und übrig gebliebene, tote Futterinsekten regelmäßig entfernt werden, denn im feuchtwarmen Klima des Terrariums herrschen ideale Vermehrungsbedingungen für Fäulnisbakterien und Pilze.

Der mit Sand gefüllte Landteil in diesem großen Aquarium misst nur 0,5 Quadratmeter, damit die Eier leichter zu finden sind.

Verschraubungen, Absperrhähne und Abflussrohre bieten Zoohandel, Klempnerbedarf oder der Baumarkt an. Wenn man bedenkt, dass je nach Tierbesatz und Wasservolumen meist ein Wasserwechsel wöchentlich nötig ist, empfiehlt sich die Arbeitserleichterung durch einen Abfluss durchaus. Sonst beeinträchtigt die sich mit der Zeit gerne einschleichende Nachlässigkeit bei der Sauberhaltung des Schildkrötenwassers nicht nur den Familienfrieden, sondern auch die Gesundheit der Tiere. Und dies liegt sicherlich nicht in beider Interesse.

Absaugen

Die Alternative zu einem fest installierten Abfluss ist das Absaugen des Wassers mit einem Schlauch. Ein Ende des Schlauches wird dazu in das Becken gehalten und das andere Ende in einen Eimer, der tiefer als der Wasserspiegel des Beckens stehen muss. Saugt man nun das Wasser an dem im Eimer befindlichen Ende an, so läuft das Aquarium durch den unterschiedlichen Druck an beiden Seiten des Schlauches automatisch leer. Das Ansaugen des Wassers sollte man in jedem Fall mit einem im Zoohandel speziell für diesen Zweck erhältlichen Gummiball erledigen. Man sollte es aus hygienischen Gründen nicht mit dem Mund tun. Denn selbst anscheinend gesunde Schildkröten können Salmonellen ausscheiden, die bei ihrem Pfleger unter Umständen zu Erkrankungen führen.

Artgerecht versorgt

44 Unsere Schildkröte wird erwachsen

46 Das Zuhause für die Großen

48 Ernährung und Überwinterung

50 Die häufigsten Krankheiten

52 Fortpflanzung

54 Das Gelege

SPEZIAL 56 Blick in die Kinderstube

58 Versorgung in der Urlaubszeit

Unsere Schildkröte wird erwachsen

Rotwangen-Schmuckschildkröten werden mit etwa fünf Jahren erwachsen. Sie werden geschlechtsreif und damit ändert sich auch das Verhalten der Tiere.

Bereits ab dem dritten Lebensjahr wachsen männliche und weibliche Schildkröten unterschiedlich schnell heran. In der Folge entwickeln sie sich auch in Bezug auf ihre Körperform unterschiedlich: Die Panzer der Männchen bleiben flacher, ihre Köpfe sind meist schlanker und die Nasen spitzer. Spätestens ab dem fünften Lebensjahr ist ihr Schwanz deutlich länger und an der Wurzel stärker als bei den inzwischen körperlich größeren Weibchen. Die Kloakenöffnung der Männchen liegt im Verhältnis näher zur Schwanzspitze und befindet sich bei ausgestrecktem Schwanz außerhalb des Rückenpanzers, beim Weibchen dagegen noch darunter.

Das Männchen, oben, ist etwas kleiner und flacher als das Weibchen.

Im Alter von ungefähr fünf bis sieben Jahren wachsen bei den Männchen die Krallen der Vorderbeine viel stärker heran. Daran sind sie dann auch als geschlechtsreife Männchen zu erkennen (siehe Fotos auf Seite 52).
Die Zeichnung der Weichteile und die Farbkontraste bleiben bei den Männchen halbwegs erhalten, bei den Weibchen stumpfen sie farblich aber deutlich ab.
Obwohl die Tiere ihr Leben lang wachsen, haben sie im Alter von zehn Jahren ihre Maximalgröße fast erreicht. Der Panzer der Männchen ist nun 16 bis 20, der der Weibchen 20 bis 25 Zentimeter lang. Die Weibchen haben jetzt das doppelte bis dreifache Gewicht der Männchen erreicht.
Rotwangenschildkröten werden etwa 30 bis 50 Jahre alt.

Um wachsen zu können, müssen Schildkröten immer wieder ihre äußeren, dünnen Hornschilder abwerfen.

Territorialverhalten

Viele Schildkröten entwickeln mit der Geschlechtsreife ein Territorialverhalten. Das bedeutet, dass sie gegenüber anderen, gleichgeschlechtlichen Tieren unverträglich sind, bei Begegnung aggressiv werden oder versuchen, diese aus ihrem Revier zu verjagen. Andererseits kann es vorkommen, dass Männchen, bedingt durch ihren Sexualtrieb, die Weibchen ständig verfolgen und belästigen. Die Verfolgten versuchen nun, sich durch Verstecken, Flucht oder Aufenthalt auf dem Landteil in Sicherheit zu bringen. Die Folgen können Angst und Stress sein, sodass die Tiere an Land dürsten oder nicht mehr ans Futter kommen.

Um solchen Stress, Bissverletzungen und schlimmere Folgen zu verhindern, kann es unabwendbar werden, die unverträglichen Tiere getrennt unterzubringen. Auch große Weibchen können sich zu Störenfrieden entwickeln. Sie unterdrücken dann Geschlechtsgenossinnen in ihrem Revier und können ihnen Bisswunden zufügen.

Die unterdrückten, schwächeren Tiere erkennt man an einem veränderten Verhalten: sie schwimmen ängstlich mit eingezogenen Hinterbeinen, verharren lange in einer ungestörten Ecke, kommen kaum mehr zum Futter oder flüchten auf den Landteil.

SMART

Die Häutung

- **Das Skelett** der Schildkröten, zu dem auch der knöcherne Teil des Panzers gehört, wächst.
- **Die Haut** darüber, aus der auch die Platten auf dem Panzer bestehen, müssen regelmäßig erneuert werden. Die Schildkröte stößt sie bei der Häutung als oberste Hornschicht ab.

Das Zuhause für die Großen

Grundsätzlich gilt für den Platzbedarf der Erwachsenen das Gleiche wie bei den Jungschildkröten.
Pflegen Sie mehrere Tiere, kann es durch die territorialbedingten Unverträglichkeiten dazu kommen, dass die nach der auf Seite 27 genannten Formel errechnete Behältergröße bei Weitem nicht ausreicht.

Mehr Platz

Aber selbst bei verträglichen Tieren ist eine stattliche Größe des Geheges nötig, wenn wir davon ausgehen, dass der Behälter die siebenfache Länge des Panzers der größten Schildkröte aufweisen sollte. Bei einer Panzerlänge von 25 Zentimetern betrüge die Aquarienlänge dann bereits 1,75 Meter! Da die Breite der Hälfte der Länge entsprechen soll, ergäben sich dafür 90 Zentimeter.
Ein derartig großer Behälter muss nach Maß angefertigt und wegen der zu erwartenden Transportprobleme vielleicht sogar vor Ort geklebt werden.
Wenn Sie sich Schmuckschildkröten anschaffen wollen, sollten Sie von Anfang an darüber nachdenken, ob Sie den späteren Platzansprüchen der Tiere gerecht werden können.

Kühlere Temperaturen

Gesunde Rotwangenschildkröten vertragen auch kühlere Temperaturen. Sie können und sollen sogar einem ähnlichen Temperaturgefälle ausgesetzt werden, wie sie es in der Natur im täglichen und jahreszeitlichen Rhythmus erleben.

Gut für den Zuchterfolg

Für den Zuchterfolg bei den Rotwangenschildkröten ist dieses Temperaturgefälle sogar eine notwendige Vor-

Dieses Aquaterrarium zeigt Beispiele einfacher Einrichtungssysteme für erwachsene Wasserschildkröten.

aussetzung. Wir können daher die Wassertemperatur im Winter entsprechend senken.
Gesunde Tiere überleben auch in Mitteleuropa den Winter im Schlamm eines Gartenteiches. Die erforderlichen Frühjahrstemperaturen – besonders wichtig für das nach der Winterruhe erwachende Sexualverhalten der Tiere – werden nur bei einer transparenten Abdeckung des Teiches (Frühbeetprinzip) oder im Glashaus erreicht. Ohne eine Abdeckung müssen wir bei der Freilandhaltung auf die Nachzucht verzichten.
Innerhalb der Wohnung sollte bei Nachzuchtwunsch den fortpflanzungswilligen Tieren zumindest in den Monaten Mai, Juni, Juli ein Platz für die Eiablage geboten werden.

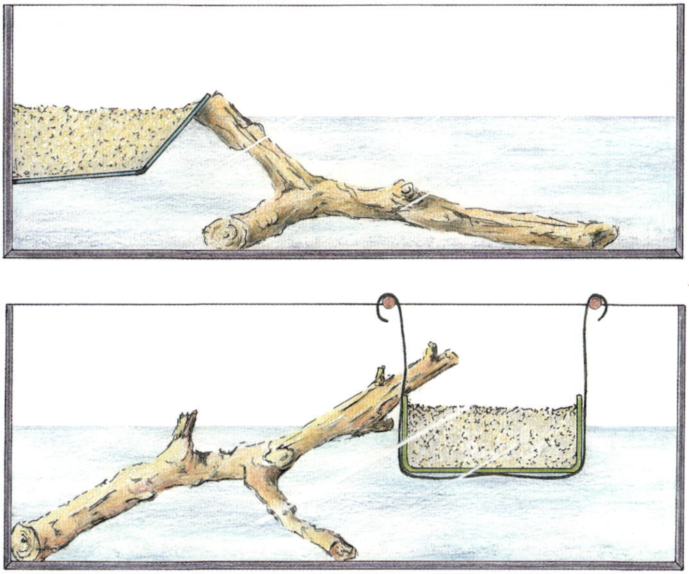

Spezialvorrichtungen für die Eiablage: Oben wurde eine Glasplatte eingeklebt und der entstandene Trog mit Sand gefüllt. Unten dient ein Kunststoffbehälter mit Sand als Eiablageplatz. Dieser sollte täglich mit einem Strahler erwärmt werden.

Zusätzlicher Landteil

Der Landteil kann dem im Kapitel über heranwachsende Schmuckschildkröten beschriebenen entsprechen. Für die Eiablage benötigen wir jedoch ein Substrat, in dem die Weibchen ihre Eier vergraben können.
Hier hat sich das Einkleben oder Einhängen eines zusätzlichen, mit Sand gefüllten, wasserdichten Troges aus silikonverklebtem Glas oder Kunststoff bewährt. Seine Oberfläche muss so bemessen sein, dass gleichzeitig zwei bis drei Tiere darauf Platz finden können. Die Tiefe sollte 12 bis 15 Zentimeter betragen. Der Sand wird von den Tieren allerdings immer wieder in das Wasser getragen. Manche Schildkrötenpfleger hängen deshalb einen Behälter für die Eiablage nur im Frühjahr in das Aquarium ein.

SMART

Zu beachten

- **Wer mit den** Schildkröten züchten möchte, sollte qualitativ gut füttern.
- **Man sollte** auf das soziale Gefüge achten und die täglichen und jahreszeitlichen Klimaschwankungen simulieren.
- **Herbst:** 20 bis 25 °C
- **Winter:** 10 bis 15 °C
- **Frühling:** 15 bis 25 °C
- **Sommer:** 25 bis 30 °C

Ernährung und Überwinterung

Erwachsene Rotwangenschildkröten ernähren sich von Mischkost mit mehr als der Hälfte an pflanzlicher Nahrung. Die Menge kann jahreszeitlich stark variieren.

Wieviel füttern?

Erwachsene Rotwangenschildkröten ernähren sich von Mischkost, wobei mehr als die Hälfte aus pflanzlicher Nahrung besteht. Obwohl die Menge im Laufe der Zeit steigen wird, sollte während der aktiven Zeit jedoch nur etwa zwei- bis dreimal pro Woche gefüttert werden – und nie bis zur völligen Sättigung der Tiere. Ein Kontrollblick während der Fütterung lohnt sich, denn dann sehen Sie, ob die Schildkröten guten Appetit haben und fit sind.

Während der Winterruhe

Während der Winterruhe nehmen die Schildkröten kaum Nahrung auf. Der ganze Stoffwechsel und die Verdauung ruhen für die Zeit von etwa zwei bis drei Monaten bei etwa 10 °C.

Im Handel erhältliche Futtertiere können durch Einpudern mit einem Vitamin-Mineralstoffpulver aufgewertet werden.

Der Platz für die Winterruhe

Die Temperaturbedingungen für die Winterruhe sind im Wohnbereich meist nur auf der Veranda oder im Wintergarten zu erreichen; sonst werden die Schildkröten in den Keller oder in ein Gartenhaus gebracht. Wichtig in dieser Zeit ist, sie jedoch ständig zu kontrollieren.
Da sie in dieser Zeit kaum fressen und auch nichts ausscheiden, können wir ihnen Sand als Bodengrund anbieten. Zierkorkstücke sorgen für die Deckung von oben, damit die Tiere sich sicher fühlen.
Das Ruhequartier braucht nicht besonders groß zu sein; ein niedriger Wasserstand genügt. Er sollte etwas höher als die maximale Breite des Panzers gehalten werden. So kann ein auf den Rücken gefallenes Tier sich umdrehen, andererseits das ruhende Tier ohne Schwimmbewegung Luft holen .

Wasserwechsel ist nicht nötig. Im sauberen, kühlen (= sauerstoffreichen) Wasser unter 10°C reduziert die Schildkröte ihren Stoffwechsel und minimiert den Energieverbrauch.

Beenden der Winterruhe

Die Übergänge vom Herbst zum Winter und wieder zum Frühjahr sollten in Bezug auf Licht, Temperatur und Nahrung fließend sein. Ein abruptes Ein- oder Auswintern bekommt den Tieren nicht gut.

Wenn im Frühjahr auch die Außentemperaturen steigen, werden Sie bei Ihren Routinekontrollen feststellen, dass die Schildkröten aktiver werden. Nun ist es Zeit, ihre Umgebungstemperaturen wieder zu erhöhen und mehr zu füttern. Falls das Aquaterrarium nicht am Fenster steht oder von den Sonnenstrahlen getroffen wird, muss Strahlungswärme mittels Lampe geboten werden.

Die Frage, ob Schmuckschildkröten unbedingt im Winter ruhen müssen, ist zumindest für Arten, die am Golf von Mexiko leben, mit nein zu beantworten.

Wenn Sie ihre Tiere auch im Winter im Wohnzimmer aktiv beobachten wollen oder kein kühler Raum für die Überwinterung zu Verfügung steht, ist Folgendes zu beachten: Die Luft- und Wassertemperaturen sollten nicht knapp unter 18°C betragen; das hieße zuviel Energieverbrauch bei mangelndem Energiegewinn – denn die Schildkröten nehmen dann kein Futter an. Die Folge wäre eine Schwächung der Tiere, welche zwangsläufig zu einer höheren Krankheitsanfälligkeit führt.

Zumindest am Tag sollte die Wassertemperatur etwas über 20°C angehoben werden, um den Tieren die Temperatur zu bieten, bei der sie Nahrung aufnehmen und so ihren Energiebedarf decken können.

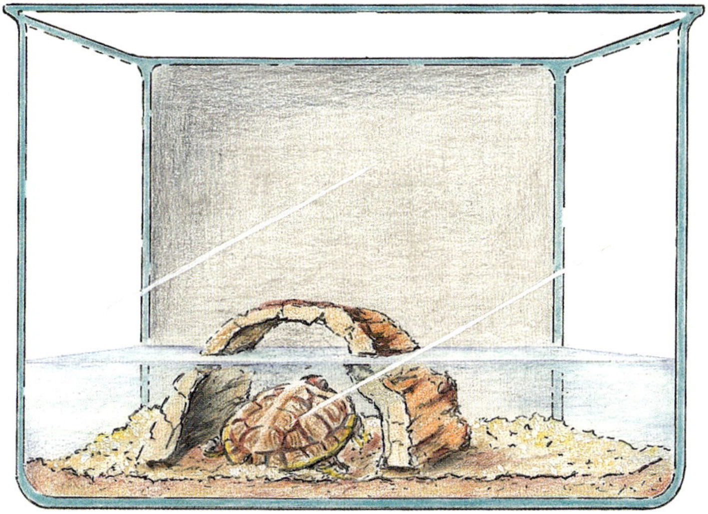

Ein Überwinterungsbecken für Schmuckschildkröten.

SMART

Die Winterruhe

- **In der Ruhestellung** verbrauchen die Tiere sehr wenig Sauerstoff; diesen vermögen sie durch die Kloake dem Wasser zu entnehmen, sodass sie im Tiefschlaf nicht auf das Atmen atmosphärischer Luft angewiesen sind.

Die häufigsten Krankheiten

Bei sorgsamer Beachtung der bisherigen Informationen sollte es kaum zu Problemen oder gar ernsthaften Erkrankungen bei den Wasserschildkröten kommen. Meistens haben Probleme ihre Ursache in Unachtsamkeit und Nachlässigkeit bei der Pflege der Tiere. Die Vorsorge ist aber viel leichter und wirksamer als die beste Behandlung. Dass es überhaupt zu Erkrankungen kommen kann, liegt meist am geschwächten Allgemeinzustand des Tieres.

Anzeichen erkennen

Apathie, Trägheit, auch ungewöhnliches Verhalten, geschwollene Augen, Veränderungen der Haut- und Panzeroberfläche, Pilzbefall der Weichteile und letztenendes die Verweigerung der Nahrungsaufnahme sind häufige Reaktionen.
Die angesprochenen Krankheitsbilder sind nur im Anfangsstadium durch die Beseitigung der Ursachen und mit den im Folgenden empfohlenen Hausmitteln zu bekämpfen. Tritt nicht bald eine Besserung ein, muss der Tierarzt helfen.

Augen

- **Symptom:** Die Augen sind geschwollen oder ständig geschlossen.
- **Die Ursachen** von Augenerkrankungen sind Verletzungen, verschmutztes Wasser oder Vitaminmagel. Die Tiere sitzen meist träge auf dem Landteil und verweigern die Nahrung.
- **Die Behandlung** erfolgt durch die Erneuerung des Wassers, die Reinigung der Augen mit Kamilletupfern und die Fütterung von mit Vitaminen angereicherter Kost mit der Pinzette.

Atemwege

- **Symptom:** Den Schildkröten fällt das Tauchen schwer; sie treiben schräg liegend an der Wasseroberfläche. Die Ursache ist oft eine Infektion der Atemwege durch kühle Zugluft. Die Schildkröten können sich nur schwer oder überhaupt nicht unter Wasser halten; aus Maul und Nase treten schleimige Absonderungen aus.
- **Zur Behandlung** sollten Wasser- und Lufttemperatur sowie die Luftfeuchtigkeit angehoben werden. Die Luft darf jedoch nicht stickig sein. Zur Inhalation von Kamillendämpfen wird Kamillensud in einem Behälter so stark erwärmt, dass

Medikamente geben

Halten Sie sich strikt an die Anweisungen des Tierarztes und geben Sie die Medikamente wie empfohlen.

Vor jeder Medikamentengabe sollte der Tierarzt aufgesucht werden. Eigendiagnose und -behandlung zerstört mehr, als es hilft.

Abgelaufene Medikamente darf man nicht mehr verabreichen. Sie müssen ordnungsgemäß entsorgt werden.

Diese bedauernswerte *Gestalt einer jungen Rotwange scheint auf chronischen Mangel an UV-Licht und Vitaminen zurückzugehen. In seltenen Fällen könnte es aber auch genetisch bedingt sein.*

die unmittelbar darüber auf einem Rost sitzende Schildkröte die 30 bis 35 °C warmen Dämpfe einatmen kann.

Pilzinfektionen

Pilzinfektionen haben ihre Ursachen meistens in zu schmutzigem Wasser, zu kühler und feuchter Luft und der den Schildkröten fehlenden Gelegenheit, sich an Land zu trocknen. Besonders in den Hautfalten an Hals und Beinbeugen sowie zwischen den Zehen treten Hauttrübungen auf. Die Tiere wollen sich ständig an Land aufhalten und nehmen keine Nahrung an.
Zur Behandlung sollte man die Schildkröten zeitweise trocken halten, ihnen Strahlungswärme (möglichst Morgensonne) anbieten und dem Wasser ein Pilzbekämpfungsmittel nach vorgeschriebener Dosierung zusetzen.

Schäden des Panzers

Sogenannte Panzernekrosen zeigen sich in Form von weichen, sich zersetzenden Stellen am Panzer, die sich immer mehr ausbreiten. Ursachen, Krankheitsbilder und Behandlung ähneln denen der Pilzinfektionen. Panzererweichung wird durch einen gestörten Kalziumstoffwechsel, falsche Ernährung oder Mangel an UV-Licht verursacht. Zuerst erscheint der Panzer der Tiere zu weich, nicht regelmäßig gewachsen und bei fortgeschrittener Erkrankung deformiert. Die Behandlung ist nur im Anfangsstadium durch reichhaltige Ernährung mit Lebendfutter, Vitaminpräparaten und durch regelmäßige UV-Bestrahlung möglich.

Fortpflanzung

Besonders interessant ist es, das Paarungsverhalten unserer Schildkröten zu beobachten. Wir wollen sie dabei nicht stören und beobachten sie deshalb am besten nur von einer dunklen Ecke des Zimmers aus.

Die Paarung

Schon während wärmerer Perioden im Winter werden die Männchen in der Natur aktiv, der Höhepunkt des Paarungsverhaltens wird aber erst im April und Mai erreicht.
Das Männchen nähert sich der Partnerin von vorne, streckt ihr die Vorderbeine entgegen und lässt seine langen Krallen vor ihrem Kopf vibrieren. Das Weibchen zeigt seine Bereitschaft, indem es ruhig am Boden des Gewässers verharrt, oft sogar durch Strecken der Hinterbeine den Hinterleib hebt. Daraufhin umschwimmt das Männchen das Weibchen in weitem Bogen und nähert sich ihm von hinten, riecht eingehend an der Schwanzregion und schiebt sich auf seinen Rückenpanzer. Diese Abläufe wiederholen sich oft tagelang, bis das Männchen aus seiner Position weit nach hinten abrutscht und fast senkrecht im Wasser steht, mit seinem längeren Schwanz den des Weibchens umgreift, bis es zum Kontakt beider Kloaken und zur Kopulation kommt.

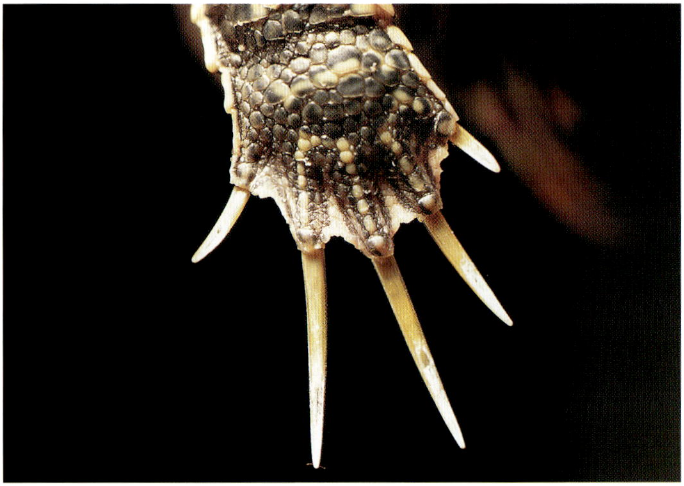

Der Schwanz des Männchens, oben, ist länger und am Ansatz stärker, bei den Weibchen, unten, liegt die Öffnung der Kloake noch unter dem Rückenpanzer.
Rechts: Lange Krallen an den Vorderbeinen geschlechtsreifer Männchen.

Die Paarung verläuft nach einem strengen Ritual. Zuerst umwirbt das Männchen das Weibchen von vorn. Dann schwimmt es um es herum und schiebt sich von hinten auf das Weibchen.

Das Gelege

Wie bei anderen Reptilienarten auch, kommt es bei den meisten Schildkrötenarten auf die Temperatur an, die während der Entwicklung der Jungschildkröten in den Eiern – der Zeitigung – im Gelege herrscht, ob weibliche oder männliche Nachkommen schlüpfen.

Eiablage in der Natur

Die Eiablage der Rotwangenschildkröte findet in den Südstaaten der USA von April bis Juli statt, wobei ein Weibchen bis zu fünf Gelege pro Jahr absetzen kann. Die Zahl der Eier pro Gelege liegt zwischen 3 und 20 und nimmt mit der Größe des Weibchens zu.

Für die Eiablage gräbt das Weibchen mit den Hinterbeinen ein Loch im Sand.

Ebenfalls von seiner Größe hängt die Tiefe der Eigrube ab, die zwischen 9 und 13 Zentimetern betragen kann. Die tiefer liegenden Gelege großer Weibchen erwärmt die Sonne weniger stark als die flachen Gruben kleinerer Tiere. Da eine Zeitigungstemperatur von über 29 °C vorwiegend weibliche, unter 28 °C hauptsächlich männliche Tiere hervorbringt, schlüpfen aus den Gelegen großer Weibchen mehr Männchen.

Im Gehege

Das temperaturabhängige Geschlechterverhältnis können wir uns zunutze machen, wenn wir gezielt Männchen oder Weibchen züchten wollen. Ob wir die Eier ausgraben oder im Sand des Eiablagebehälters belassen, hängt davon ab, ob andere Weibchen sie beim Graben beschädigen könnten und ob wir dort die richtige Temperatur bei entsprechend hoher Luftfeuchtigkeit erreichen können. Weniger als 24 °C sollte das Thermometer in der Eigrube auf keinen Fall anzeigen.

Bei der frisch geschlüpften Dachschildkröte, Kachuga tecta, ist der Eizahn vorne am Kopf gut zu sehen.

Einen Brutapparat bauen

Ein einfacher Brutapparat lässt sich aus einem kleinen Kunststoffaquarium herstellen, in das wir einen Ziegelstein legen, auf den der Behälter mit den Eiern gestellt wird.
Im einfachsten Fall kann der gesamte Eiablagebehälter überführt werden. Schwieriger ist es, wenn die Eier ausgegraben und in einen neuen Behälter gegeben werden müssen. Sie müssen wieder in genau der gleichen Lage eingegraben werden, da bei den meisten Schildkrötenarten eine Drehung zum Absterben des Embryos führt. Eine vorsichtig angebrachte Markierung mit einem sehr weichen Blei- oder Fettstift ist hilfreich. Das Substrat des Behälters kann aus einem leicht angefeuchteten Erde-Sand-Gemisch bestehen.
Ist der Eiablagebehälter wasserdicht, wird das Kunststoffaquarium nun mit entsprechend warmem Wasser so weit gefüllt, dass er umspült, aber nicht überflutet wird. Um die Austrocknung der Eier zu vermeiden, ist es besser, ein Tongefäß wie einen Blumentopf zu verwenden, das aber oberhalb des Wasserspiegels stehen muss.
Die Wassertemperatur sollte mit einem Aquarienheizer so geregelt werden, dass die Nesttemperatur zwischen 25 und 31 °C schwankt. Um eine genügend hohe Luftfeuchtigkeit für die Zeitigung zu gewährleisten, muss das Aquarium bis auf einen kleinen Spalt abgedeckt werden.

SMART

Die Temperatur machts

- **Herrschen** über 29 °C im Gelege, schlüpfen vorwiegend Weibchen aus den Eiern.
- **Mehr** Männchen entstehen, wenn die Temperatur unter 28 °C liegt.
- **So lässt** sich das Geschlecht der Jungschildkröten steuern.

Blick in die Kinderstube

Die meisten Schmuckschildkröten sind in ihren natürlichen Vorkommensgebieten in ihren Beständen nicht gefährdet. Dennoch sollten Sie es als eine besondere Herausforderung ansehen, mit Ihren Tieren Nachkommen zu erzielen und diese gesund großzuziehen.

Das Schlüpfen

Ob die Eier befruchtet sind und sich gut entwickeln, hängt vor allen Dingen vom körperlichen Zustand der Elterntiere ab.
Etwa 60 bis 80 Tage nach der Eiablage können wir mit dem Schlupf der Jungtiere rechnen. Sie verbleiben oft noch einige Tage nach dem Öffnen der Eischale im Ei, falten in dieser Zeit den anfangs leicht eingerollten Rückenpanzer auf und bauen die Reste des Dottersacks ab. Erst dann verlassen sie das Ei.
Die Babys benötigen in den ersten Tagen noch keine Nahrung. Während der ersten Wochen halten wir sie unter den gleichen Bedingungen, wie sie für die Quarantäne empfohlen worden sind (siehe Seite 22). Es versteht sich von selbst, dass wir die Jungtiere besonders sorgfältig behandeln und sie vorerst keinesfalls mit größeren Tieren zusammensetzen.

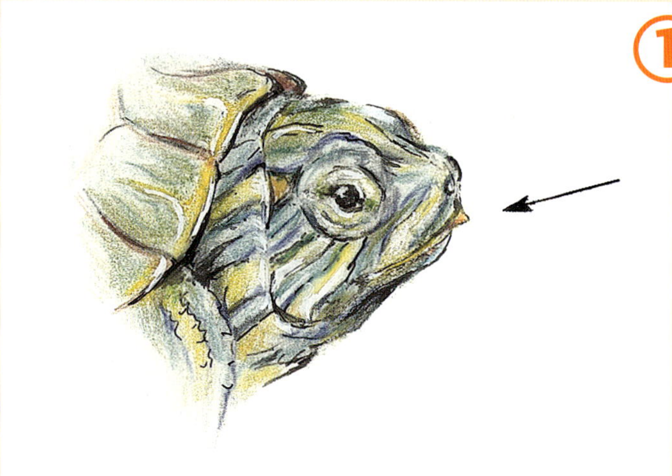

① ◂ **Speziell ausgerüstet** Mit der Eischwiele, auch Eizahn genannt, einem Hornzahn an der oberen Maulkante und mit Zuhilfenahme der Vorderbeine öffnen die Schildkrötenbabys die Eischale von innen.
Am Golf von Mexiko legen die Schmuckschildkröten ihre Eier in den Monaten April bis Juli. Bei einer Bruttemperatur im Gelege von 25–30 °C schlüpfen die Jungen nach etwa 70 Tagen.

▸ **Das Schlüpfen** aus dem Ei ist für die kleinen Schildkrötenbabys ein sehr anstrengender Vorgang, der auch einige Zeit benötigt.
Mit ihrer Eischwiele am Oberkiefer müssen die Jungtiere die Eischale von innen anritzen und die Öffnung soweit vergrößern, dass sie sich schließlich mit dem ganzen Körper aus der Schale zwängen können. Dazu haben die Babys von Natur aus genügend Kraftreserven mitbekommen. Komplikationen beim Schlupf kann es aber geben, wenn beispielsweise Temperatur und Feuchtigkeit im Nest nicht stimmen.

2

3

◂ **Frisch geschlüpfte Babys** der Rotwangen-Schmuckschildkröte sind nur etwa so groß wie ein Zwei-Euro-Geldstück und sehr zart. Die ersten Lebensstunden werden die Babys noch von ihrem Eidotter versorgt. Als Futter sollten die Schlüpflinge vor allem kleine, lebende Tiere und auch Wasserpflanzen erhalten (siehe Seite 24). Sie wachsen schnell. Von gerade 2,5 Zentimeter Panzerlänge beim Schlupf sind sie nach einem Jahr mit etwa 5 bis 7 Zentimeter schon doppelt bis dreimal so lang.

Versorgung in der Urlaubszeit

Im Freiland

Größere und gesunde Schmuckschildkröten, die im Sommer in einer Freilandanlage gehalten werden, kommen gut zwei Wochen ganz ohne Fütterung und Pflegemaßnahmen aus. Dies setzt natürlich voraus, dass Sie dafür gesorgt haben, dass der Teich bei Gewitterstürmen nicht überlaufen kann, Katzen oder Hunde nicht nach den Schildkröten angeln oder ihnen im Herbst erste Fröste Schaden zufügen könnten. Die Urlaubsvertretung muss nur darauf achten, dass nicht herabgefallene Äste oder umgestürzte Pflanzen den Schildkröten Brücken zum Entlaufen bieten.

In der Wohnung

Sind Ihre Schildkröten im Sommer in der Wohnung untergebracht, ist es ebenfalls häufig günstiger, sie ein bis zwei Wochen ohne Futter auskommen zu lassen, als bei der Rückkehr durch Überfütterung der Tiere eine stinkende Brühe vorzufinden.

In diesem Fall muss man die Fütterung schon zwei bis drei Tage vor dem Urlaub einstellen, damit die Tiere ihren Darm entleeren können. Eine natürlich bedingte, oder wie in diesem Fall erzwungene, nahrungslose Zeit müssen die Tiere in freier Wildbahn auch gelegentlich überstehen.

Während der Urlaubszeit könnte die Temperatur im Aquaterrarium etwas gesenkt werden. Dies mindert den Appetit der Tiere, spart Fütterungszeit für den Vertreter und führt zu geringerer Wasserverschmutzung, sodass bei sparsamem Tierbesatz ein Wasserwechsel in dieser Zeit sogar überflüssig wird. Einem nicht geübten Liebhaber wäre ein solcher bei Becken ohne Zu- und Abfluss nur schwer zuzumuten. Er muss auf viele Dinge achten: beispielsweise zu vergessen, den Heizstab auszuschalten, könnte zu Verbrennungen bei den Tiere oder zur Zerstörung des Heizers führen. Verständlicherweise wird man vor der Urlaubszeit keine Versuche machen mit neuen Steinaufbauten, die umfallen, neuen Wurzeln, unter denen sich Tiere einklemmen oder mit neu hinzugesetzten Tieren, die sich nicht vertragen könnten. Gehen Sie lieber schon im Voraus auf Sicherheit, dann haben Sie mehr Ruhe während ihrer Abwesenheit und sind vor unliebsamen Überraschungen bei der Rückkehr gefeit.

Was die Urlaubsvertretung braucht

Sie muss nicht fachkundig sein. Dies wäre schön, doch eine solche Person in näherer Umgebung ist eher selten.

Wichtig sind Verantwortungsbewusstsein, keine Angst vor den Tieren, sondern ein gewisses Interesse für sie.

Erwünscht wären handwerkliche Geschicklichkeit sowie vor allem ein wenig Zeit für Kontrolle und Beobachtung.

Als Wasserschildkrötenhalter können Sie beruhigt in Urlaub fahren, wenn Sie Ihre Tiere von jemand Erfahrenem versorgt wissen.

Im Winter sollte bei erwachsenen Tieren ohnehin die Temperatur herabgesetzt werden, sodass in dieser Zeit keine spezielle Urlaubsbetreuung nötig ist.

Bei den Babys

Anders verhält sich die Sache bei Schildkrötenbabys. Da sie nicht über mehrere Tage hungern dürfen, muss hier eine Urlaubsvertretung gefunden werden, die sich während unserer Abwesenheit um die Tiere kümmert.

Gut organisieren

Tragen Sie Ihrer Vertretung auf, maximal die halbe Ration der üblichen Futtermenge zu geben. Sie sollte von den Tieren während des Besuches gefressen werden. Bei der Kontrolle sollten außerdem die Tiere anhand einer Liste einzeln gesucht und geschaut werden, ob sich alle unverdächtig verhalten. Krank erscheinende Tiere sind zu separieren. Für diesen Fall sollten Sie einen Reservebehälter mit einfachster Einrichtung bereitgestellt haben. Tote Tiere müssen sofort entfernt werden, denn sie bilden ein Verschmutzungs- und Ansteckungsrisiko. Neben Versorgung und Kontrolle der Tiere gilt es, die Dichtheit des Aquaterrariums, Schlauchanschlüsse und technische Geräte zu überprüfen.

SMART

Wohlversorgt

- **Weisen Sie die** Urlaubsvertretung in Ihre, die Schildkröten betreffende Tagesroutine ein.
- **Bereiten Sie** genügend Futterrationen vor.
- **Besprechen Sie** die Frequenz der Wasserwechsel und weisen Sie ihn ein.
- **Hinterlassen** Sie wichtige Adressen wie Tierarzt, Urlaubsadresse und Telefon- und Handynummern für Fragen bei eventuellen Notfällen.

Infoecke

Literatur

- **Ernst, C. H., R. W. Barbour & J. E. Lovich (1994):** Turtles of the United States and Canada. Washington, London.
- **Friederich, U. & W. Volland (1997):** Futtertierzucht. 3. Aufl. Stuttgart.
- **Henkel, F.-W. & W. Schmidt (1997):** Terrarien – Bau und Einrichtung. Stuttgart.
- **Herrmann, H. J. (1994):** Das Terrarium für den Anfänger. Tetra Verlag, Melle.
- **Iverson, J. B. (1992):** A Revised Checklist with Distribution. Maps of the Turtles of the World. Richmond, Indiana.
- **Müller, G. (1995):** Schildkröten. 3. Aufl. Stuttgart.
- **Obst, F. J. (1985):** Schmuckschildkröten. Wittenberg/Lutherstadt.
- **Trutnau, L. (1994):** Terraristik. Stuttgart.
- **Warwick, C. & C. Steedman (1988):** Report on the use of red-eared turtles (*Trachemys scripta elegans*) as a food source utilized by man. The People's Trust for Endangered Species.
- **Wilke, H. (1990):** Schildkröten richtig pflegen und verstehen. München.

Making Of

- **Der Autor Dr. Reiner Praschag** ist Architekt mit dem Spezialbereich der Unterbringung von Wildtieren in menschlicher Obhut. Seit Jahren hat er sich besonders der verantwortungsvollen Schildkrötenhaltung verschrieben. Viele Arten hat er selbst gehalten und nachgezüchtet und er wird als Experte von Herpetologen und Terrarianern geschätzt. Er hat verschiedene Bücher und Publikationen veröffentlicht.

Zeitschriften

- **Die Aquarien- und Terrarienzeitschrift (DATZ).** Verlag Eugen Ulmer, PF 70 05 61, 70574 Stuttgart.
- **Herpetofauna.** PF 11 10, 71365 Weinstadt.
- **TI-Magazin.** Tetra-Verlag, PF 15 80, 49304 Melle.

Internet

- **www.dght.de**
- **www.zierschildkroete.de**

(Hinweis: Der Eugen Ulmer Verlag ist nicht für den Inhalt von Links verantwortlich)

Bildquellen

Sämtliche Zeichnungen fertigte Siegfried Lokau, Wattenscheid.

Fotos
Uwe Dost, Stuttgart: Titelfoto und Seite 8, 15 (1. u. 2. v. oben), 16, 18, 19 unten, 32, 37, 38, 39, 45, 59, 65 oben links und Mitte.
Astrid Falk, Bonn: Seite 35 ganz unten rechts.
Fotonatur.de/Hans-Wilhelm Grömping: Seite 20, 42.
Dr. Eva-Maria Götz, Stuttgart: Seite 57 unten links.
Susanne Güth, Aumühle: Seite 35 oben rechts.
Regina Kuhn, Herleshausen: Seite 4, 14 (1. v. oben und ganz unten), 17, 19 oben (2), 24 (2), 25, 27, 33, 48, 52 (3), 57 unten rechts, 64, 65 oben rechts.
Reiner Praschag, Graz, Österreich: Seite 3, 6, 7, 11, 12, 13, 14 (2. u. 3. v. oben), 15 (3. v. oben und ganz unten), 22, 36, 40, 41, 51, 55, 65 unten.
Kurt Rimpp, Renningen: Seite 35 oben links und die beiden in der Mitte.
Thomas Wendt, Wilhelmshaven: Seite 34.

Impressum

Bibliografische Information der Deutschen Nationalbibliothek
Die Deutsche Nationalbibliothek verzeichnet diese Publikation in der Deutschen Nationalbibliografie; detaillierte bibliografische Daten sind im Internet über http://dnb.d-nb.de abrufbar.

Das Werk einschließlich aller seiner Teile ist urheberrechtlich geschützt. Jede Verwertung außerhalb der engen Grenzen des Urheberrechtsgesetzes ist ohne Zustimmung des Verlages unzulässig und strafbar. Das gilt insbesondere für Vervielfältigungen, Übersetzungen, Mikroverfilmungen und die Einspeicherung und Verarbeitung in elektronischen Systemen.

© 2007 (3. Aufl.) Eugen Ulmer KG, Wollgrasweg 41, 70599 Stuttgart
E-Mail: info@ulmer.de
Internet: www.ulmer.de

Lektorat: Dr. E.-M. Götz
Umschlag- und Innengestaltung: X-Design, München
DTP: juhu media, Susanne Dölz, Bad Vilbel
Druck und Bindung: Litotipografia-editrice Alcione, Trento
Printed in Italy

ISBN: 978-3-8001-4475-4

Adressen

- **Deutsche Gesellschaft für Herpetologie und Terrarienkunde e. V. (DGHT),** Geschäftsstelle, Postfach 14 21, D-53351 Rheinbach
- **Österreichische Gesellschaft für Herpetologie (ÖGH),** Naturhistorisches Museum in Wien, Burgring 7, A-1014 Wien
- **Verband Deutscher Vereine für Aquarien- und Terrarienkunde e. V. (VDA),** Geschäftsstelle, Luxemburger Str. 16, D-44789 Bochum

Haftung

Für Ihr Heimtier tragen Sie selbst die Verantwortung. Die in diesem Buch enthaltenen Empfehlungen und Angaben sind vom Autor mit großer Sorgfalt zusammengestellt und geprüft worden. Eine Garantie für die Richtigkeit der Angaben kann aber nicht gegeben werden. Der Autor und der Verlag übernehmen keinerlei Haftung für Schäden und Unfälle.

Register

Aggressivität 25, 45
Alter 44
Aquarienfilter 40
Aquarienheizer 23, 33, 55
Aquarium 23, 26f., 30, 32, 47
Aquaterrarium 28f., 31, 46
Arten 8f., 12ff.
Atemwege 50
Augen 50

Baby-Schildkröte 7, 10, 22, 24, 56f.
Beziehung zum Menschen 10f.
Bodenablauf 40f.
Brutapparat 55
Bundesartenschutz-Verordnung 6, 38

Eiablage 37, 47, 54ff.
Eiablagebehälter 55
Eigrube 54
Einzelhaltung 22
Eischwiele 56
Eizahn 56
Embryo 55
Europäische Sumpfschildkröte 16

Faunenverfälschung 16f.
Fortpflanzung 37, 47, 52ff.
Freilandhaltung 36f., 58
Fressfeinde 25
Frostfutter 58
Futterneid 25
Fütterung 24, 34f., 48

Gartenteich 12, 36
Gattungen 6
Geschlechterverhältnis 54
Geschlechtsreife 44f.
Gesetzliche Regelungen 38f.
Gesundheit 18f., 29, 50f.

Haltungsbedingungen 26f., 30, 32
Hautfalten 28
Häutung 28, 45
Höckerschmuckschildkröten 7, 9, 13
Hornplatten 29

Import 7, 13

Kauf 17, 19
Kloake 44, 49, 52
Körpertemperatur 6, 35
Krallen 44

Landteil 23, 26, 30, 41, 47
Lebendfutter 24, 34, 51
Luftfeuchtigkeit 23

Männchen 13, 24, 44
Maximalgröße 44

Nasenlöcher 22
Nesttemperatur 55f.

Ohren 11

Paarung 52f.
Panzer 19, 29, 51
Pilzerkrankung 50
Platzbedarf 22, 26f., 36, 46, 48

Quarantäne 19, 22

Reinigung 40
Rotwangen-Schmuckschildkröten 6ff., 14, 32ff.

Sägerückenschildkröte 7, 9, 13
Sand 30f., 41, 47
Schwebstoffe 40
Schwimmraum 26, 30f
Sonnenlicht 26, 28, 32
Standort 32
Stoffwechsel 6, 35, 49, 51
Sumpfschildkröten 6, 17

Temperatur, Luft-/Wasser- 13, 19, 22, 33, 35, 46ff., 54f., 58
Territorialverhalten 45
Tierschutz 39f.
Transport 19
Trockenfutter 24, 34
Trocknen 28, 30

Unterarten 8f., 12
Urlaub 58

Verhalten 18, 25, 29, 35, 44f.
Verstecke 23, 26, 30, 45
Vitamine 34, 50
Vorkommen, natürliches 8f., 24, 33

Wachstum 24, 44
Wärmequelle 10, 23, 26, 28, 31, 33, 35
Wasserstand 22, 32, 36, 48
Wasserwechsel 40f.
Wechselwarm 6
Weibchen 13, 24, 44
Wildfänge 6
Winterruhe 13, 48f.

Zeitigung 54
Zucht 18, 37, 47, 52ff.
Zuchtfarm 33

Foto: photocase

Urzeitliche Wesen richtig pflegen.

Landschildkröten.
R. Praschag. 2. Auflage 2005. 95 Seiten,
54 Farbfotos, 10 Zeichnungen, gebunden.
ISBN 3-8001-4916-8.

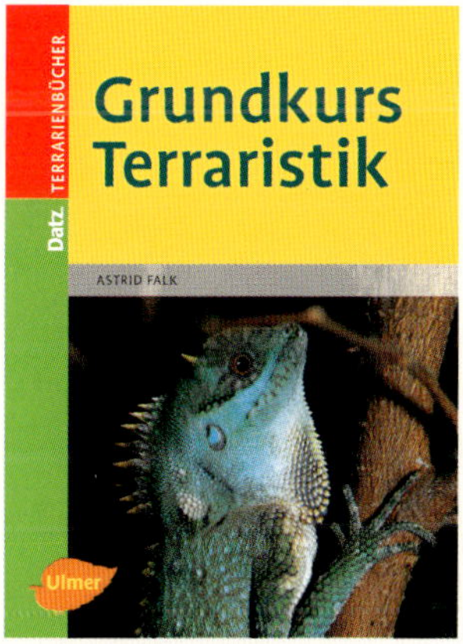

Grundkurs Terraristik.
A. Falk. 2., korrigierte Auflage 2005.
128 Seiten, 84 Farbfotos, 10 Zeichnungen,
gebunden. ISBN 3-8001-4785-8.

Ganz nah dran. Ulmer

SPEZIAL

Kluge Tipps für SMART-KIDS

Spannendes für Kleine Entdecker

Zum Kuscheln sind eure Schildkröten nicht gemacht. Sie waren schon auf der Erde, als es dort noch keine Menschen gab.

Aber ihr könnt zum Verhaltensforscher im eigenen Zuhause werden. Zum Beispiel könnt ihr beobachten, wie sie sich untereinander begegnen, ob sie ein Revier haben und wie Männchen und Weibchen miteinander umgehen. Außerdem könnt ihr euren Eltern beim Füttern und Saubermachen helfen, damit die Tiere bei euch in einer guten Umwelt leben. Das wäre doch was!